學茶入門

劉勤晉,周才瓊,葉國盛 著

Introduction to tea learning

目錄 CONTENTS

第一章 • 茶的起源與植物形態　001
第一節　茶樹起源與茶名變遷　002
第二節　茶樹形態與植物學　008
第三節　茶樹生態與生長習性　015
第四節　茶葉採摘與科學管理　025

第二章 • 茶的分類與茶葉加工　035
第一節　茶的命名與分類　036
第二節　綠茶「清湯綠葉」之謎　043
第三節　烏龍茶「岩骨花香」之源　047
第四節　紅茶「自體發酵」之解　053
第五節　普洱茶「切油化脂」之理　058
第六節　花茶「沁人心脾」之道　064

第三章 • 茶葉審評與品質管理　075
第一節　茶葉審評原理與意義　076
第二節　茶葉審評環境與裝備　078

第三節　茶葉審評方法與技巧　　　　　　　　　　081

第四章・茶葉儲存理論與實踐　　　　　　　　　087
第一節　環境對茶葉品質的影響　　　　　　　　088
第二節　常規茶葉儲存保鮮方法　　　　　　　　093
第三節　城市普洱茶倉儲放試驗　　　　　　　　096
第四節　質疑「越陳越香」　　　　　　　　　　098

第五章・茶的品飲與鑑賞　　　　　　　　　　　101
第一節　從「吃茶」到「品茗」　　　　　　　　102
第二節　煮茶辨水論山泉　　　　　　　　　　　105
第三節　飲茶器具的種類及鑑賞　　　　　　　　108
第四節　近代各類品茗法　　　　　　　　　　　112

第六章・茶的保健作用　　　　　　　　　　　　117
第一節　茶的功能成分　　　　　　　　　　　　118
第二節　茶的保健作用　　　　　　　　　　　　128
第三節　茶葉功能成分的代謝和安全性　　　　　142
第四節　茶葉功能成分的應用　　　　　　　　　147
第五節　合理飲茶與健康　　　　　　　　　　　151

第七章・茶史與民族茶俗　　　　　　　　　　　155
第一節　三千年流傳有序　　　　　　　　　　　156
第二節　五十六個民族皆飲茶　　　　　　　　　162
第三節　「客來敬茶」講禮儀　　　　　　　　　167
第四節　「三茶六禮」內涵深　　　　　　　　　168
第五節　「年節祭祀」念親恩　　　　　　　　　170

第八章 • 解碼神祕「茶馬古道」　　　　　　　　　　173
　　第一節　為「茶馬古道」正名　　　　　　　　175
　　第二節　川藏茶路崎嶇艱險　　　　　　　　　181
　　第三節　青衣江畔磚茶香　　　　　　　　　　183
　　第四節　川藏茶路「背二哥」　　　　　　　　186
　　第五節　茶馬貿易的經紀人與商幫　　　　　　188
　　第六節　茶馬古道茶俗　　　　　　　　　　　192

第九章 • 神州一葉香寰宇　　　　　　　　　　　　197
　　第一節　茶入東鄰傳禮道　　　　　　　　　　198
　　第二節　葡荷輪茶入歐記　　　　　　　　　　202
　　第三節　中國茶與美國獨立戰爭　　　　　　　206
　　第四節　大盜福鈞偷茶入印　　　　　　　　　208

第十章 • 溫故知新　創造未來　　　　　　　　　　211
　　第一節　古代茶學　陸羽稱聖　　　　　　　　212
　　第二節　陸羽《茶經》 傳為經典　　　　　　　215
　　第三節　百種茶書　承先啟後　　　　　　　　220
　　第四節　風味德馨　為世所貴　　　　　　　　226

參考文獻　　　　　　　　　　　　　　　　　229

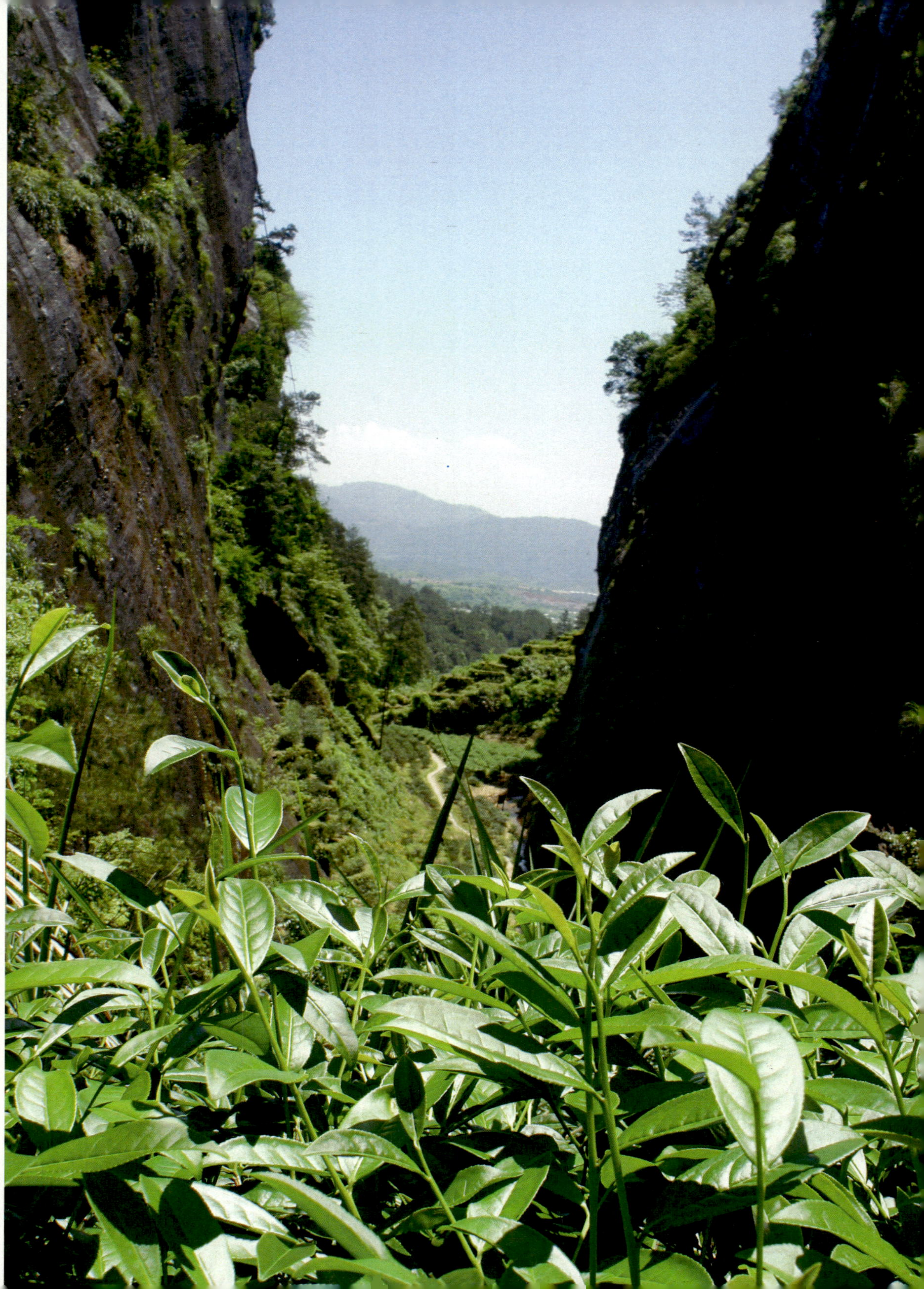

第一章／茶的起源與植物形態

陸羽《茶經》曰：「茶者，南方之嘉木也。一尺、二尺乃至數十尺。其巴山峽川，有兩人合抱者，伐而掇之。其樹如瓜蘆，葉如梔子，花如白薔薇，實如栟櫚，莖如丁香，根如胡桃。」

第一節

茶樹起源與茶名變遷

傳說地球有生命已有數億年歷史，但山茶科（Theaceae）山茶屬（*Camellia*）茶組植物起源於何時，卻有不同說法。

山茶科植物分布在北緯25°—32°的亞洲大陸中心地帶，以中國滇、黔、川、渝等省（市）為核心，自第四紀（約100萬年前）冰河時期以來，北半球遭受冰川襲擊，許多大型動物和植物瀕臨絕滅（如恐龍），而中國西南地區由於地形切割十分嚴重，山谷溪壑縱橫，因此冰川侵襲損害較輕，自然界大量孑遺植物，包括山茶科植物幸運地存續下來。重慶金佛山，據中國著名地質學家李四光（1889—1971）實地考察，發現大量第四紀冰川侵襲擦痕。在冰川經過的溝壑裡，至今仍生長著銀杉、桫欏和古茶樹等高等孑遺植物，金佛山因此成為中國擁有近萬種動植物標本的基因庫，其南坡尚種有千畝以上的古茶樹。

茶類植物究竟何時被古代巴人發現，仍無法考證。但從巴蜀地區人類活動歷史軌跡可知，在約4 000年前的新石器時期（即夏商以前）的西南地區，已有被稱為「三苗九黎」的古濮人的活動。四川廣漢「三星堆」就是古巴蜀人的祭祀遺址，古蜀的魚鳧、蠶叢就是部落首領的名字。相關資料生動證明，古巴蜀長江三峽一帶是最早發現茶並利用茶的地區之一。

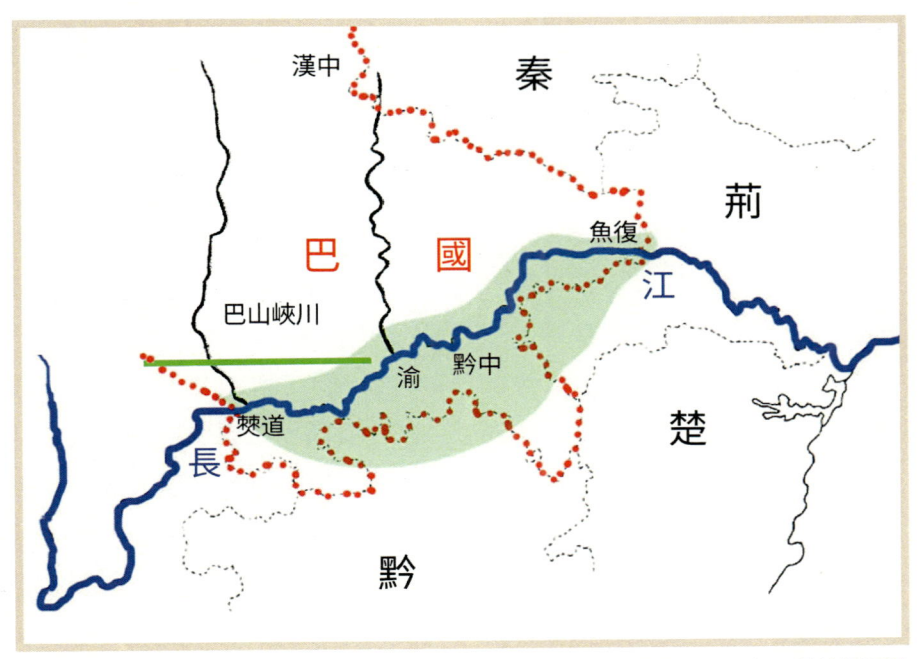

巴山峽川——人工種茶起源地

重慶南川金佛山大茶樹

雲南勐海巴達大茶樹

第一章　茶的起源與植物形態　003

一、茶樹起源於中國西南

1. 從「神農嘗百草」講起

神農氏（前3000年以前），別名姜，炎帝。在中國是一個被神化了的人物形象，在上古的夏商時期廣為傳頌。他不僅是茶的利用第一人，也是農業、醫藥和其他許多事物的發明者。但他並非真實存在的人。《莊子·盜蹠篇》稱：「神農之世，臥則居居，起則于于，民知其母，不知其父。」如今，在重慶與湖北接壤的武陵山區，當地土家族還流傳著武落鍾離山廩君與八大王的故事。據著名農史專家陳祖槼、朱自振考證：神農原是生活在川東、鄂西（武陵山區）被稱為「三苗」、「九黎」的氏族或部落；南朝宋盛弘之《荊州記》載，「隨縣北界有隨山，山有一穴，云是神農所生處」，講的就是這個流傳西南地區幾千年的故事。關於炎帝的傳說，中國有多種版本，「神農嘗百草，日遇七十二毒，得荼而解之」，僅僅是其中一種說法而已。陸羽《茶經》也說：「茶之為飲，發乎神農氏，聞於魯周公。」

2. 茶樹起源的世界之爭

19世紀前，茶樹原產於中國已為科學界所公認。然而，自英國軍人普魯士1824年在印度阿薩姆發現了野生大茶樹以後，「茶樹原產地」成為國際植物學界和茶學界研究的焦點，很多人對此提出了不同的觀點。

英國、俄國、法國、中國、日本等國的科學家，經過全面、系統研究後認為：中國西南地區是茶樹的原產地。1935年，加爾各答植物園主管、丹麥植物學家納塔尼爾·瓦利希（Nathaniel Wallich）和英國植物學家威廉·格里菲斯（William Griffith）斷定，普魯士發現的野生大茶樹與從中國傳入印度的茶樹同屬中國變種。1960年，蘇聯學者K.M.傑姆哈捷（К.М.ДжeМxaTe）在《論野生茶樹的演化因素》中提出，中國是茶樹的原產地。1988年，日本學者橋本實在《茶的起源探索》（日本淡交社出版）

一書中亦表達了相同的觀點。

3. 中國西南地區是茶樹近緣植物分布中心

目前世界上山茶科植物有23屬380餘種，中國有15屬260餘種。著名植物學家張宏達（1914—2016）在1998年將山茶屬分為20個組280種，其中中國有分布的為238種，分屬於18個組，主要分布在中國西南地區的滇、川、黔、渝等省份。

4. 古地質學、古氣候學論證中國西南地區是茶樹原產地

古地質學認為，2億年以前，地球板塊漂移，造成地殼分裂，歐亞板塊遭遇冰川襲擊。茶樹在冰川時期以前已從山茶屬中分化出來，當時喜馬拉雅山脈還沉於海底，所以，茶樹不可能起源於印度北部。當地球進入第三紀末至第四紀初時，全球氣候驟冷，進入冰川時期，大部分副熱帶作物被凍死，而中國西南地區山谷切割很厲害，受冰川影響較小，部分茶樹得以存活下來，如今，中國雲南、貴州、四川、重慶成為世界茶樹原產地中心。

茶樹品種比較
（1900年英國郵政明信片，劉波　圖）

二、茶名變遷

茶，由於歷史、產地、銷路加之歷代文人墨客的「加持」，其命名、發音、書寫均有諸多變遷。唐代陸羽在《茶經》中寫道：「其字，或從草，或從木，或草木並。」、「其名，一曰

山茶科分類專家張宏達教授

荼，二曰檟，三曰蔎，四曰茗，五曰荈。」後又有皋蘆、瓜蘆、晚甘侯、瑞草魁等別稱。現介紹如下：

荼（音ㄊㄨˊ）「荼」字最早出現於《詩經》。古文中「荼」字的含義較多，有的指野菜，有的指茅草的白花、雜草等，也有的指茶，一字多義。人們普遍認為，「荼」字是「茶」字的前身，漢代開始借用「茶」字指茶，源於蜀地方言。用「荼」字指茶，在古文獻中很常見。

中國歷史上第一部通釋語義的訓詁學專著《爾雅·釋木篇》中有「檟，苦荼」，晉代郭璞（276—324）注為「樹小似梔子，冬生葉，可煮作羹飲。今呼早採者為荼，晚取者為茗，一名荈。蜀人名之苦荼。」

「檟」（音ㄐㄧㄚˇ）字代表茶，始見於《爾雅》：「檟，苦荼。」之後在陸羽《茶經》中有記載。「檟」本指高大的喬木型茶樹。據考證，長沙馬王堆一號墓和三號墓（前168年）的隨葬清冊中都有「檟」字的異體字「梓」，說明在前2世紀以前「檟」字已普遍使用。

「荈」（音ㄔㄨㄢˇ），古「茶」字，專指茶。採摘後期的老茶葉。魏晉南北朝《魏王花木志》載：「荼，……其老葉謂之荈。」明代陳繼儒《枕譚》記曰：「茶樹初採為茶，老為茗，再老為荈。」荈，自漢代至南北朝時期用得較多，一般與荼、茗等字並用。西晉孫楚《出歌》記有「薑、桂、荼荈出巴蜀」；杜育《荈賦》記其可「調神和內，倦解慵除」。

「茗」（音ㄇㄧㄥˊ）字出現得比「荼」、「檟」、「荈」遲，比「茶」字早，最早見於三國吳陸璣《毛詩草木疏》：「蜀人作荼，吳人作茗。」漢代以後用得較多，尤其自唐以後，在詩詞、書畫中最為多見。現今，「茗」仍用作茶的別名。

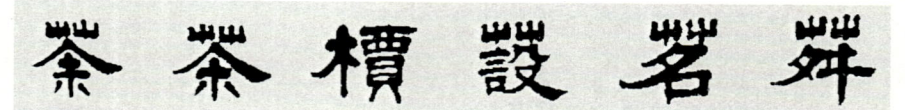

「茶」之名

「蔎」（音ㄕㄜˋ），揚雄稱「蜀西南人謂茶曰蔎」。古書中用「蔎」代表茶的情況較少見。

史料表明：茶從「荼」演變成「茶」，始於漢代。由《漢印分韻合編》可以發現，在「荼」字字形中有「茶」字的書寫法，這顯然已向「茶」字字形演變了，但還沒有「茶」的字音。由「荼」字音讀成「茶」字音，始見於《漢書·地理志》記載的荼陵，唐顏師古注此地的「荼」字讀音為：「音弋奢反，又音丈加反。」南宋魏了翁認為「茶」字的確立，「惟自陸羽《茶經》、盧仝《茶歌》、趙贊『茶禁』以後，則遂易荼為茶」。陸羽《茶經》：「從草當作茶，其字出《開元文字音義》。」《開元文字音義》為唐玄宗御撰的一部字書，成書於735年，現已失傳。到9世紀後，「茶」字才被普遍使用。

漢代璽印中的「茶」字字形

中國幅員遼闊，不同地區稱「茶」的發音區別很大。如華北地區的發音為「ㄔㄚˋ」，福建、廣東人的發音為「ㄊㄜˊ」、「ㄊㄧ」、「ㄊㄟˊ」，長江流域的發音為「ㄔㄚˊ」、「ㄓㄚˊ」等。海外各國對茶的稱呼，也直接或間接地受中國各地對茶的稱呼的影響，在發音上基本可分為兩大類。在經由海路傳來茶葉的西歐地區，茶的發音近似於中國福建閩南近海地區的「táy」音，如英文tea、法文the、德文thee、西班牙文te等；在經由陸路自中國向北、向西傳播茶葉的國家，茶的發音為「ㄔㄚˊ」，如日文cha、俄文uaйc（chai）、波斯文（伊朗、阿富汗）為chay。

第二節

茶樹形態與植物學

一、植物學分類地位

根據現代植物分類體系，按界、門、綱、目、科、屬、種，茶樹屬多年生常綠木本植物，其分類地位如下：

界　植物界（Botania）
　門　被子植物門（Angiospermae）
　　綱　雙子葉植物綱（Dicotyledoneae）
　　　目　山茶目（Theales）
　　　　科　山茶科（Theceae）
　　　　　屬　山茶屬（*Camellia*）
　　　　　　種　茶（*Camellia sinensis*）（L.）O.Kuntze

二、茶樹植物形態特徵

1.根

種子繁殖的茶樹是主根明顯的深根系植物。

茶樹的根系為軸狀根系，主根發育旺盛，其長度和粗度大於側根。隨著茶樹樹齡的增長，茶樹各類根的生長狀況、新生根的發生部位等均會發生變化。幼齡階段呈現為主根明顯；直立成年階段側根生長加速，粗度、長度接近主根；衰老階段，或因土壤環境惡化，粗壯骨幹根先端衰退，呈現為叢生根系，在土壤的營養吸收面最廣，相應產量也較高。栽培過程中，應盡量促進直根系向分支根系轉化，一旦出現叢生根系，可運用改造手段使其回復到分支根系的狀態。

　　無性系茶樹的根系，初期與實生苗不同，細根較多而看不到主根，但隨著樹齡的增長，細根生長加速，表現出類似直根系的形態。整個根系由主根、側根、細根和根毛組成，並與土壤中的酸性細菌共生，形成利於吸收的菌根。吸收根一般分布在地表下5～45公分。

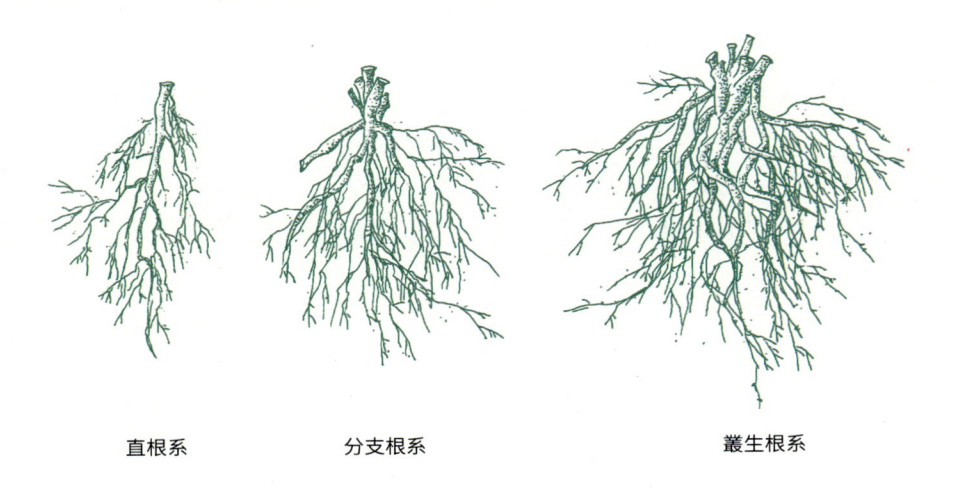

茶葉一身都是寶
（1887年繪，圖引自〔美〕梅維恆、〔瑞典〕郝也麟《茶的真實歷史》）

直根系　　分支根系　　叢生根系

茶樹根系類型

2.莖

根據茶樹地上部的整株形態，有喬木型、小喬木型和灌木型三種樹型。

喬木型　植株高大，分枝部位高，主幹和主軸明顯，屬茶樹中較原始的類型。如雲南省勐庫大葉種、鳳慶大葉種和重慶南川大樹茶等。

小喬木型　植株中等高度，分枝部位較低，主軸不太明顯，但主幹明顯，大多數南方類型茶樹屬此列。如鳳凰水仙、福鼎大白茶、凌雲白毛茶和江華苦茶等。

灌木型　樹體矮小，主幹和主軸均不明顯，屬中、小葉種茶樹。如貴州苔茶、四川中小葉種、鳩坑種和祁門種等。

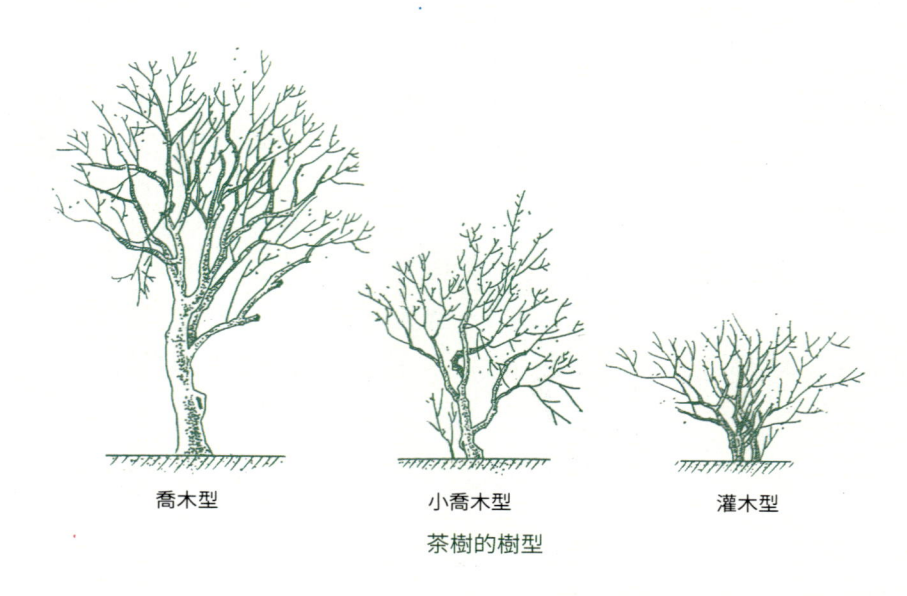

喬木型　　　　小喬木型　　　　灌木型

茶樹的樹型

由於分枝角度不同，茶樹樹冠呈現出不同的姿態，有直立狀、披張狀和半披張（半直立）狀三種。

直立狀　分枝角度小（<30°），枝條向上緊貼，近似直立。如政和大白茶、南川大樹茶和梅占等。

半披張狀　或稱半直立狀，分枝角度介於30°～45°。如櫧葉齊、蜀永一號和福鼎大白茶等。

披張狀　分枝角度大（>45°），枝條向四周披張伸出。如雪梨、軟枝烏龍和大蓬茶等。

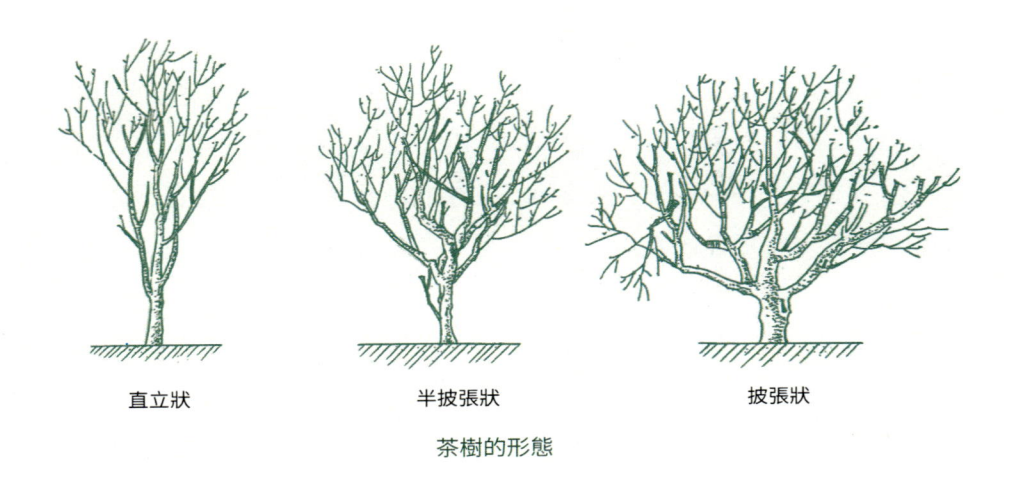

直立狀　　　　　半披張狀　　　　　披張狀

茶樹的形態

3.新梢

未木質化的嫩枝稱為新梢。茶樹新梢由嫩莖、葉、芽三部分組成。各類茶均以相應嫩度的新梢為採製原料，正在伸長展葉的新梢稱未成熟梢，停止展葉的新梢稱成熟梢。成熟梢被採下後，生產上通常稱「對夾葉」，其輕重、大小、形狀、色澤及著生密度等均會直接或間接地影響茶葉的產量與品質。

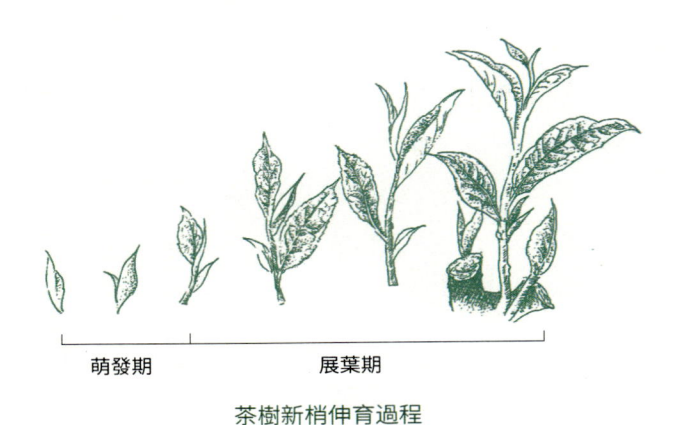

萌發期　　展葉期

茶樹新梢伸育過程

茶樹新梢是由頂部葉片葉腋間營養芽伸育而成。冬季樹冠營養芽呈休眠狀態；當春季氣溫回升到10℃以上時，營養芽便開始萌動。呼吸作用加強，水分增加，澱粉大量水解。老葉和莖梗儲藏的物質向生長點轉運。隨著氣溫升高，水分不斷增加，芽開始膨脹，鱗片脫落，葉面積擴大，芽葉重量增加。當達到4～7片真葉後，芽由肥壯變為空心芽並最終形成「駐芽」，頂芽停止生長。

新梢的長短、粗細、展葉數、芽頭和嫩葉背部茸毛數量、色澤等，皆因品種和栽培條件而異。

4.鮮葉（茶青）

鮮葉是茶葉品質的物質基礎。各類茶葉品質特徵差異很大，對鮮葉要求亦不一樣。品質較高的鮮葉通常有較高的嫩度、新鮮度、勻度和淨度。鮮葉驗收，多以新梢伸育的成熟度——嫩度作標準。嫩度愈高，製茶品質愈好，但產量有限。制定鮮葉採摘標準時，既要根據不同茶類生產要求、市場供應等客觀指標，又要兼顧產量和品質。

茶樹葉片在形態上可分為3類，即鱗片、魚葉和真葉。鱗片和魚葉均係分化發育不完全的葉。鱗片硬而細小，一般長0.5～1.0公分，呈匙狀，著生在枝條的最下端。在茶芽萌發前，鱗片對芽頭起保護作用，隨著芽的萌動而逐漸張開，並隨著枝條的繼續伸長而脫落。冬芽外包有3～5個鱗片，夏芽一般缺鱗片。魚葉因形似魚鱗而得名。它發育不完全，葉色淡，葉柄短扁，葉緣一般無鋸齒或前端略有鋸齒，側脈不明顯，為鱗片到真葉的過渡類型。魚葉也能進行光合作用，但強度不及真葉。真葉屬發育完全的葉，在展開之初背面綴生茸毛，葉色隨著葉齡的增大而逐漸加深，即由淺黃、淺綠變成深綠，乃至暗綠。真葉由葉柄和葉片兩部分組成。葉柄長4～6毫米，呈半圓柱狀，有時上方微具縱向淺溝。葉片邊緣具深淺稀密不一的鋸齒，一般16～32對。

葉片的大小因類型、品種、著生部位、栽培環境和栽培技術而異，分為大葉種、中葉種和小葉種三種類型。

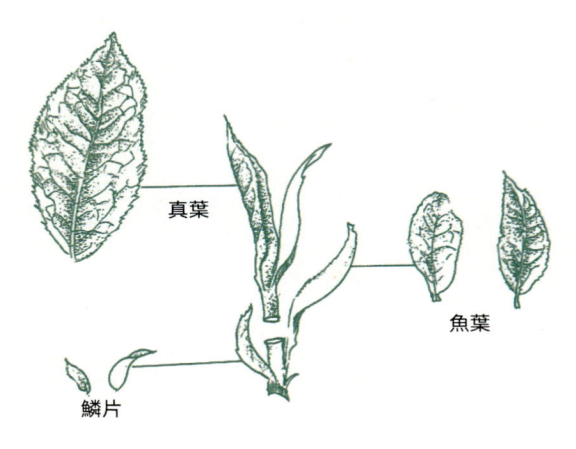

茶樹葉片的形態

5.茶花

茶樹為花果繁茂的木本植物，花芽與葉芽共生於葉腋間。軸短而簇生1～5朵花蕾，著生形式有單生、對生及叢生等。茶花為兩性花，由花柄、花萼、花冠、雄蕊和雌蕊組成。

花柄　花柄長5～19毫米，基部有2～3個鱗片，花蕾長成後便脫落。

花萼　花萼由5～7個萼片組成，萼片近圓形，綠色。茶花受精後，

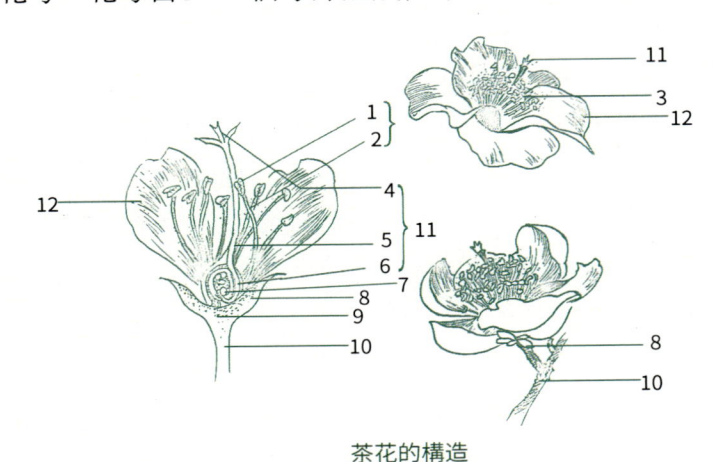

茶花的構造
1.花藥　2.花絲　3.雄蕊　4.柱頭　5.花柱　6.子房
7.胚珠　8.花萼　9.花托　10.花柄　11.雌蕊　12.花瓣

萼片向內閉合，直至果實成熟也不脫落。

花冠　花冠由5～9個大小不一的花瓣組成。花瓣白色，少數呈粉紅色，圓形或卵圓形。花冠上部分離，下部聯合並與外輪雄蕊合生，花謝時隨雄蕊一起脫落，花冠大小依品種而異，直徑25～50毫米不等。

雄蕊　每朵花有200～300枚雄蕊。每個雄蕊由花絲和花藥構成，為合生雄蕊。花絲排列成若干圈。花藥呈「T」字形，有4個花粉囊，內含無數花粉粒。

雌蕊　雌蕊由子房、花柱和柱頭三部分組成。子房上位，子房外多數密生茸毛，裸露無毛的極少；內分3～5室，每室4個胚珠，為中軸胎座。花柱長3～17毫米。柱頭光滑，3～5裂，開花時能分泌黏液。

6. 茶果

茶樹果實為蒴果。未成熟時果皮為綠色，成熟後變為綠褐色。內含1～5粒種子。成熟果殼背裂，種子便散落地面。

茶樹種子由種皮和種胚組成。種皮分為外種皮和內種皮。外種皮亦稱種殼，成熟時堅硬而光滑，呈暗褐色，有光澤。外種皮由6～7層石細胞組成。內種皮與外種皮相連，由數層長方形細胞和一些輸導組織形成，呈赤褐色，薄膜狀，種仁乾瘪時，內種皮隨種仁萎縮而脫離外種皮，內種皮之內有一層白色半透明的內胚膜。

種胚由胚根、胚軸、胚芽和子葉四部分組成。子葉一般2枚，肥大，白色或嫩黃色，占據整個種子內腔。其餘三部分夾於兩片子葉的基部。子葉基部透過子葉柄與胚軸相連。茶籽一般直徑12～15毫米，每粒茶籽重0.5～2.5克，平均約1克。茶籽的輕重、大小是鑑定茶籽品質和確定布種量的主要依據。

第三節

茶樹生態與生長習性

自茶傳布到世界各地，各國學者對茶樹的分布、生長習性、遺傳變異、親緣關係等進行了大量的研究，證明茶樹擁有相同的遺傳基礎和共同的祖先，其形態變異也具有連續性。遺傳變異的結果，是形成了不同的茶樹類型。中國西南地區茶樹種質資源豐富，種內變異多，是世界上任何其他國家和地區都無法比擬的。

一、茶樹對自然環境的要求

茶樹植物與山茶科其他屬種植物一樣，其原始種群主要生活在亞洲大陸北緯25°—32°的高山峽谷之中。溫暖溼潤、多雲霧、寡日照的氣候和有機質豐富的酸性土壤，給茶樹生長繁育創造了良好的條件。在人類生產活動的經營下，這種古老的孑遺樹種得以克服大自然各種惡劣氣候而存活下來，並且走出亞洲，走向全世界。

1.光照

常言道：「茶喜高山日陽之早。」茶樹原產於中國西南雲貴高原及其周邊，其祖先長期生長在原始森林光照較弱、日照時間短的環境下，因而形

四川宜賓生態茶園

成了既需要陽光但又相對耐陰的習性。

　　茶樹的光補償點在1 000勒克斯以下，光飽和點為3.5萬～5.5萬勒克斯，在1 000～50 000勒克斯的範圍內，茶樹光合作用隨光照度的增加而增加。據日本原田重雄、加納照崇、酒井慎介1958年《日作紀》記載，茶樹的光飽和點與茶樹樹齡有關，幼齡茶樹的光飽和點大致為2.1焦耳/（公分^2·分），成齡茶樹為2.9～3.0焦耳/（公分^2·分）。實踐證明，在低緯度茶區（如印度阿薩姆、中國海南），適度遮陰可提高茶葉產量。

　　光照度不僅與茶樹光合作用、茶葉產量有密切關係，而且對茶葉品質也有一定的影響。適當減弱光照，茶葉中全氮量、胺基酸、咖啡因明顯提高，而茶多酚、還原醣相對減少，這有利於成茶收斂性的降低和鮮爽度的提高。光質，即太陽光的波長，對茶樹也有一定影響。據研究，紫外線中波長較短部分對茶樹芽葉的生長有抑制作用，較長部分對茶樹芽葉的生長有某種刺激作用。

2. 溫度

茶樹不但有喜陽耐陰的特性，而且特別喜溫暖溼潤的環境。茶樹生長極端氣溫因品種類型而異。大葉種抗寒性相對較弱，只能忍受-5℃左右的低溫，中小葉種一般可忍受-10℃左右，在雪覆蓋下甚至可忍受-15℃低溫的侵襲。灌木型茶樹一般比喬木型茶樹耐寒。茶樹能忍受的短時極端最高氣溫是45℃，但一般在月均溫達30℃以上、日最高氣溫連續數日在35℃以上、降水又少的情況下，新梢會停止生長，出現冠面成葉灼傷焦變和嫩梢萎蔫等熱害現象。因此，平均氣溫高於30℃對茶樹生長不利。

春茶和夏茶的品質差別，主要是由於氣溫不同引起茶樹物質代謝差異。春季氣溫相對較低，有利於含氮化合物的形成和積累，因此，春茶全氮量、胺基酸含量較高，但碳代謝強度小，醣類及茶多酚含量比所處環境氣溫較高的夏茶少些。茶葉的生產實踐表明，日平均氣溫20℃左右、夜間10℃左右的條件下，生長的茶葉品質一般較好；當日平均氣溫超過20℃、中午氣溫在35℃以上時，茶葉品質下降。

3. 水分

茶樹性喜溼潤，適宜栽培茶樹的地區年降水量以1 000毫米以上為宜，且至少有5個月的月降水量大於100毫米。降水量在茶樹生長季節裡分配的均勻程度，對茶樹的正常生育和產量有很大的影響。降水量最多的時期，茶葉收穫量也最多。

研究表明，中國四季雨區均分布在主要茶區，表明降水在一定程度上限制了茶樹分布。空氣溼度大時，一般新梢葉片大，節間長，葉片薄，產量較高，且新梢持嫩性強，葉質柔軟，內含物豐富。在生長季，空氣相對溼度80%～90%比較適宜新梢生長；空氣相對溼度小於50%，新梢生長就會受到抑制；空氣相對溼度小於40%對茶樹有害。

4. 土壤

唐代陸羽《茶經》云：「其地，上者生爛石，中者生礫壤，下者生黃土。」1942年，王澤農（1907—1999）在武夷山調查茶區土壤時指出：品質

最佳的岩茶主要產於九龍窠、慧苑坑等地的沙礫土、礫壤土、沙壤土之上。龍井茶品質與土壤質地的關係是：白沙土最佳，沙土、黃沙土次之，黃泥土最差。

茶樹喜酸性土壤。就中國各地茶園土壤測定結果來看，pH大致為4.0～6.5，而茶樹生長最好的土壤pH為5.0～5.5。

有機質含量是茶園土壤熟化度和肥力的指標之一，高產優質茶園的土壤有機質要求達2.0%以上。同時，要求茶園土壤養分全氮0.12%、全磷0.10%、速效氮120毫克/公斤、速效磷10毫克/公斤、速效鉀100毫克/公斤、交換性鎂0.002莫耳/公斤。

浙江湖州羅岕地區茶園土壤

二、茶樹生物學特性

從種子萌發（或扦插入土）到整株茶樹衰老死亡，一般要經過數百年。從人工栽培來看，茶樹的經濟年齡以20～30年為佳。從茶樹個體發育各時期的特性，可窺得茶樹一生的發育過程。

1.種子與發芽

種子期的絕大部分時間是在母株上度過的，即從當年9月或10月合子形成到翌年10月茶果成熟。這段時間新個體（種胚）完全靠母樹提供營養。

種子成熟被採收後一直到種子萌發長出新苗，種胚的營養完全靠子葉提供。茶籽自成熟到萌發，雖處於相對休眠階段，但其內部仍進行著激烈而複雜的生理過程。不論何種儲藏方法，隨著時間的推移，茶籽內的乾物質減少是相當快的。這種消耗是茶籽儲藏過程中呼吸作用及其他生理生化

變化所致。顯然，茶籽屬短命種子，在室溫條件下僅2個月後，茶籽發芽率降低近一半，這與其脂肪和水分含量較高、呼吸強度大等有關。

環境條件對茶籽發芽率的影響

環境條件	條件控制	發芽率（%）							
		3月	4月	5月	6月	7月	8月	10月	11月
室溫條件	用沙箱藏於室內	100	60.71	53.57	30.95	1.20	0	0	
自然條件	儲藏於室外土窖中	100	76.19	77.38	27.38	9.52	0	0	
低溫條件	用沙箱藏於冷庫中（4～8℃）	100	100.0	97.62	91.67	57.14	32.14	5.95	2.38

2.茶樹幼苗期

茶樹幼苗期是自茶籽萌發至幼苗出土後地上部分進入第一次生長休止的時期，長達4～5個月。

茶籽入土後，如環境適宜，便可發芽。一般要求土壤溼潤，相對含水量達60%～70%，茶籽含水量50%～60%，溫度10℃以上，土壤空氣中含氧氣量不低於2%，這樣的條件維持15～20天，茶籽即可大量萌發。萌發先是子葉大量吸水膨脹，使種殼破裂；同時，胚的呼吸作用劇烈加強：內含物大量降解並向可溶物轉化，一方面作為呼吸基質，另一方面作為新器官的發育材料。接著胚根生長，子葉柄伸長，幼芽伸出種殼。此時苗高5～10公分，最高可達20公分，根系平均長10～20公分，最長達25公分。

幼苗期的茶樹可塑性強、抗性弱、種間差異不明顯，甚至「重演」部分祖先性狀，如比成齡茶樹更耐陰等。

3.茶樹幼齡期

茶樹幼齡期是自地上部第一次生長休止至第一次開花結實（或定型投產）為止的時期，長達3～4年。

茶樹進入第一次生長休止時，已由子葉營養過渡到自養階段。這一轉變象徵著茶樹苗期生活的結束和幼年生活的開始，除了營養來源方式的轉

變，這一時期的茶樹基本特點還有：主莖日益增高增粗，並隨著時間的推移，以單軸式分出一定層次的側枝，一般每年增加一層，向上生長遠強於側向生長。故主軸一直是明顯的。為了增大橫向生長，培養寬闊的採摘面，應不失時機地運用定型修剪、打頂養蓬或彎枝等栽培手段，促進單軸分枝向合軸分枝轉化。

幼齡期茶樹可塑性強，是培養、塑造樹冠的關鍵時期。就營養方向來看，幼齡期為單純營養生長時期，生殖生長尚未出現。

4. 茶樹成年期

茶樹成年期是自第一次開花結實（或定型投產）至第一次更新改造為止的時期，長達20～30年。

成年期茶樹生育最旺、代謝水準最高，產量和品質均處於最高峰階段，是營養生長與生殖生長並存，後期生殖生長強於營養生長的時期。成年期茶樹形態表現為：主要分枝方式以合軸分枝為主，少量從根頸部或下部主幹上發出的徒長枝為單軸分枝式。在採摘條件下，「雞爪」型分枝常有發生；在不加修剪或少修剪的條件下，分枝級數最終穩定在10～15級。

成年期是茶樹各部分完全定型、種性充分表現的階段，故茶樹品種最終鑑定應以此期為準。

5. 茶樹衰老期

茶樹衰老期是從第一次更新開始到整個茶樹死亡為止的時期，這一時期的長短因管理水準、環境條件和品種類型而異，一般可達數十年，亦有百年以上者。但在栽培條件下，茶樹的經濟年齡大多為40～60年。

衰老期茶樹的代謝水準總體已低於成年期，從營養方面看，營養生長下降，生殖生長加強。衰老期茶樹形態表現為：樹冠表面「雞爪」型分枝普遍發生。新生芽葉極為瘦弱，對夾葉很多；個別骨幹枝光禿或整個分枝系統衰退。枝條雖更新頻繁，但多以向心方式進行；萌芽雖不少，但著葉不多；花雖多，但坐果率不高。地下部演替為明顯的

叢生根系，吸收根分布縮小。生機日趨衰退，即使加強培肥水準，也難以收到顯著的增產效果。透過更新措施，可在一定程度上復壯生機、恢復樹勢。

茶樹個體發育的不同年齡時期存在著不同質的矛盾或特點，如幼苗期營養方式的過渡、幼齡期單純的營養生長、成年期營養生長與生殖生長的統一等。

三、茶樹特異生長因子

由於長期自然雜合與人工選擇，茶樹生長習性有許多不同於一般木本植物之處，這種特異生長因子包括好蔭喜睡、樂在霧中、酸菌共生、變異顯著。

1. 好蔭喜睡

「茶宜高山之陰，而喜日陽之早。」這句話概括了茶樹對環境的要求，明確指出優質茶葉產於向陽山坡有樹木蔭蔽的生態環境。茶樹起源於中國西南地區副熱帶雨林中，在人工栽培以前，它和副熱帶森林植物共生，並受高大樹木蔭蔽，在漫射光多的條件下生長發育，形成了耐陰的特性。因此，在有遮陰條件的地方生長的茶樹鮮葉天然品質好、持嫩性強，是做名優茶的理想原料。如日本「茶道」專用的「抹茶」，均是遮陰栽培茶園採製的。中國海南、雲南實行「膠茶間作」、「芒茶間作」的茶園鮮葉所採製的紅茶品質明顯高於未遮陰的茶園所採製的紅茶。

耐陰的遺傳特性還表現為茶樹在中午光照最強時的「午睡」現象。即在一天中，隨著早晨光照增強、氣溫上升，茶樹光合作用強度不斷提高，上午10點左右達到高峰，到中午12點左右，光照強度、氣溫雖然繼續升高，但光合作用強度出現下降趨勢；午後，光合強度略有回升，之後隨光照減弱和氣溫下降，光合強度逐漸減弱。這種「午睡」現象是茶樹特有的生理現象，是茶樹系統發育過程中長期形成的生活節奏性。

浙江湖州茶園

斯里蘭卡遮陰茶園

2. 樂在霧中

自古以來，世界上所有好茶不但與名山大川相關，更與縹緲雲霧結緣。明代陳襄有詩曰：「霧芽吸盡香龍脂」，認為高山茶好是因為茶芽吸收了「龍脂」。近代科學研究表明，高山出好茶的主要原因在於茶樹的遺傳性——茶樹起源於中國西南地區多雨潮溼的熱帶雨林中，在長期的演化中逐漸形成了喜溫、喜溼、耐陰的生長習性。在中國茶區海拔800～1 200公尺的山地，雲霧多、漫射光多、溼度高、晝夜溫差大的氣候條件，正好滿足了茶樹生長發育對環境條件的要求。如中國的金山紅茶、鳳慶紅茶以及印度的大吉嶺紅茶都產於海拔1 000公尺以上的高山嶺谷之中，成為世界名茶的佼佼者。

雲霧有利茶樹光合作用的改善。海拔較高的山地，由於地形及氣候的影響，形成雲霧聚集的良好條件。雲霧像一個篩子，使不同波長的太陽光透過以後發生光質子改變——七種可見光中的紫光與紫外光得到加強，使芽葉中胡蘿蔔素、胺基酸充分吸收光量子而合成，有利於優質茶色澤、香氣、滋味的形成。

此外，雲霧繚繞縮短了光照時間、降低了光照強度，使芽葉中蛋白質、胺基酸含量明顯增加，可提高芽葉持嫩性，改善鮮葉物理性質，利於塑造美觀的茶葉外形。

高山低溫有利芳香物質的積累。科學研究表明，環境溫度對茶樹酶活性強弱有重要影響。高海拔地區，氣溫較低，晝夜溫差大，糖的代謝作用較弱，纖維素、半纖維素不易形成，有利於胺基酸、芳香油的積累。這些鮮葉化學成分在加工過程中發生複雜的變化，產生鮮花般的香韻。如苯乙醇形成玫瑰花香，沉香醇形成玉蘭香，苯丙醇形成水仙花香，從而使不同地區高山茶產生不同的香韻。如中國祁門紅茶有特殊的蘭花香，川紅工夫有橘子香，武夷岩茶有誘人的桂花香。

此外，高山森林植被保存完好，枯枝落葉有利於水源保持和有機質緩慢分解，從而給茶樹生長發育提供了良好的肥力和水源，保證了優質茶芽葉生長的需求。

3.酸菌共生

實踐證明，茶樹適宜在酸性土壤（pH4.0～6.5）生長，在pH低於4的強酸性土壤或高於6.5的中性土壤中，則生長不良、產量不高，甚至不能生長。這是因為茶樹根部有大量的檸檬酸、蘋果酸、草酸及琥珀酸等，緩衝力偏酸性的有機酸，遇到酸性的生長環境，細胞液不會因酸的侵入而受到破壞。反之，茶樹根系中缺少中性或鹼性的緩衝鹽——磷酸鹽，100克根中僅含25毫克的五氧化二磷，比一般植物低，對中性和鹼性的緩衝力較小，故不適宜生長在中性或鹼性土壤裡。因此茶樹根系周圍土壤中聚集著大量酸性細菌，形成細菌與茶樹根系的共生體。

4.品種眾多

由於異花授粉特性，茶樹種內變異顯著，其F_1代雜種變異，有性後代品質關係密切。好的茶樹品種，不僅產量高，而且茶葉品質優。即使在栽培條件和肥培管理水準相對一般的條件下，好的茶樹品種也比一般品種增產20%～30%，如浙江省杭州茶葉試驗場品種對比試驗結果

表明，福鼎大白茶比鳩坑種增產56.7%；中國農業科學院茶葉研究所培育的龍井43號，比龍井群體品種增產30%左右。龍井43號由於發芽早、發芽整齊，製成的龍井茶外形挺秀、勻齊，香高持久，滋味鮮醇，湯色清澈，較好地保持了西湖龍井的品質特徵，售價通常可比龍井群體品種所製西湖龍井茶高20%以上。四川「早白尖」品種，發芽早，生長勢旺，白毫顯露；其做成的「天府龍芽」三月上旬即可上市，由於具有「搶新早」的優勢，是國際名茶市場的搶手貨。

紅茶品種「紫嫣」（唐茜　圖）

川茶黃金芽早茶品種（唐茜　圖）

第四節

茶葉採摘與科學管理

　　茶樹幼嫩新梢，是製茶重要原料。在傳統農業時期，採茶需要花費大量勞動力。根據中國農業部門調查，茶葉手工採摘用工成本占毛茶加工生產成本的50%。近年來，中國主要茶區大多開始使用機械採茶，每臺雙人採茶機8小時工作量相當於40個熟練採茶工的工作量，效率大大提高。許多名優茶類亦開始探索機採之路，經濟效益也大大提高。

武夷山茶農手工採茶

一、何為「茶青」

茶樹幼嫩新梢在茶葉加工中稱鮮葉，亦稱「茶青」，是茶葉品質的物質基礎。各類茶葉品質不同，對鮮葉要求亦不一樣。一般來說，品質較高的鮮葉有較高的嫩度、新鮮度、勻度和淨度。在鮮葉驗收上，多以新梢伸育的成熟度——嫩度作標準。嫩度愈高，製茶品質愈好，但產量有限。故在鮮葉採摘標準制定時，要兼顧產量和品質，因不同茶類而異。根據中國多種茶類的不同要求，採摘標準可以分為嫩採、適中採和成熟採三種。但各種不同採摘標準均應根據茶樹新梢伸育特點，適時而有節制進行，達到既收穫量多質高的鮮葉，又不斷促進新梢蔭發，增加樹冠新梢密度和強度，以維持樹冠正常生長，延長經濟年齡的目的。

在新梢發育過程中，葉組織細胞不斷發生變化。幼嫩芽葉細胞柵欄組織排列不甚明顯，也不規則。經過一段時間生長，葉片柵欄組織開始規則排列，細胞體積增大，葉肉相應增厚。繼而形成對生開張的葉片，柵欄組織呈明顯整齊排列，細胞體積膨大，細胞膜顯著加厚，角質層逐漸增厚。

二、各類茶葉不同採摘標準

中國茶區廣闊，茶類很多，長期以來形成了不同的茶葉採摘標準。歸納起來可分為嫩採、適中採和成熟採三種：

1.嫩採

指新梢剛開始萌發1～2片嫩葉時即採。嫩採所得鮮葉，人們常稱之為「雀舌」、「蓮心」、「旗槍」，多用來製成特種名茶，如重慶「巴南銀針」以渝茶特早一號單芽或一葉初展為採摘標準；四川「蒙頂甘露」以一芽一葉開展為採摘標準，均屬嫩採範圍。

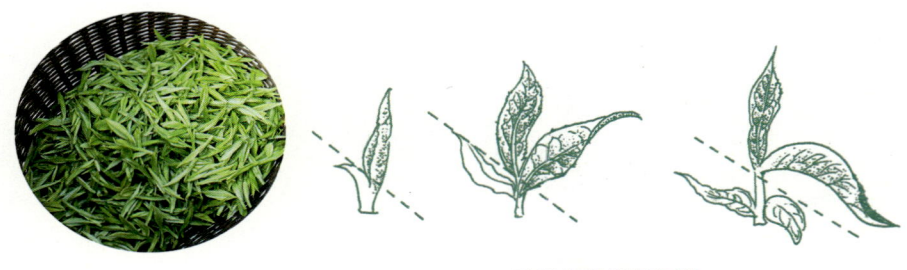

嫩採　　　　　　　　　　　特種綠茶嫩採標準

2. 適中採

當新梢伸育到一定程度，葉展開3～4片時，採下一芽二、三葉或相同嫩度對夾葉。按照這一採摘標準，所得鮮葉產量和品質均較好，經濟效益顯著。為目前海內外紅、綠茶採摘的通用標準。

3. 成熟採

新梢成熟，還原醣和次生物質含量增加，對某些特種茶類形成獨特香味具有十分重要的意義。如烏龍茶鮮葉原料採摘就要求新梢已將成熟，頂芽形成駐芽，最後一葉剛攤開而帶有4～5片葉片時，採下2～3對夾葉。此外，四川邊茶中的康磚、金尖、茯磚、方包等的原料採摘標準，則要求鮮葉更為老熟，基部已木質化並形成「紅苔綠梗」，需要借用專門的刀具（邊茶採割刀）進行採割。為了擴大邊茶生產，四川省有關部門近年積極提倡利用冬季茶樹修剪下的枝葉作為邊茶原料，因此，這種枝葉所製邊茶的組成就更為複雜，淨度也較差。

成熟採 　　　　　成熟葉剪採 　　　　　邊茶採割刀

四川機採茶園

三、「茶青」嫩度與適製性

1.嫩度

指同一品種在相同生態環境和栽培管理條件下，新梢伸育的成熟度。嫩度與茶葉品質呈正相關。

在鮮葉定級和嫩度鑑定方面，海內外學者研究了嫩度與化學成分的相關性。但是，由於氣候、生態環境、肥培管理水準等諸多影響因素，目前還很難以化學成分指標作為鮮葉分級依據。隨著科學發展，特別是快速、簡便、高靈敏度儀器分析技術的廣泛應用，有可能透過鮮葉中纖維素、胺基酸、咖啡因及兒茶素的快速測定來確定鮮葉等級。

當前，中國許多茶企仍按芽葉機械組成作為鮮葉分等論級的標準。分析芽葉機械組成雖然容易掌握，但仍然麻煩。故世界其他產茶國只有一個鮮葉標準——一芽二葉或一芽二、三葉。

此外，鮮葉的柔軟度、勻淨度、新鮮度以及含梗量也是鑑定鮮葉品質的依據之一。在判斷鮮葉品質時，應綜合上述各項因子，權衡利弊，制定切實可行的鮮葉分級標準，並運用價值規律調動茶農多採茶、採好茶的積極性。

2.適製性

指某一鮮葉適合製造某一茶類的特性。掌握了鮮葉這一特性，才能有的放矢地選擇製茶原料，充分發揮鮮葉的經濟價值，製出符合要求的茶葉。同一棵茶樹上採下的同等品質「茶青」，既可做成色豔味濃的紅茶，也可製成清湯綠葉的綠茶，但品質卻有不同。不同品種、不同栽培環境條件的鮮葉有不同的適製性。

（1）葉色與適製性

葉色是茶樹品種特性的一個重要表現。不同的茶樹品種，由於遺傳性及栽培環境的影響，化學成分（如葉綠素、黃酮醇、花青素含量）有許多差異；組成比例也有所不同，因而呈現不同的葉色。一般來說，葉色鮮綠者，含蛋白質、葉綠素豐富，適製綠茶；葉色淺綠或黃綠者，含多酚類豐富，適製紅茶；葉呈紫色者，含花青素多，做綠茶苦澀味重，適製普洱茶或紅茶。因此，根據葉色來判斷鮮葉適製性是快速鑑定品種的途徑，南川大樹茶的鑑定就採用了這一辦法。

不同葉色的鮮葉

（2）地理環境與鮮葉適製性

生態環境，如氣候、海拔、植被、土壤等因素不同，茶樹生長狀況也不同，形態和內含成分均有很大差異，表現出不同的適製性。如武夷山的

岩茶和洲茶、外山茶屬同一品種，但因地理環境不同，鮮葉品質差異很大。如酚氨比和芳香油含量差距達一倍以上。

（3）化學成分與適製性

鮮葉水浸出物、多酚類、葉綠素、全氮量、胺基酸總量等茶葉特有生化成分與適製性關係密切，如兒茶素豐富的大葉種做成茶葉後滋味濃郁。但品質並非單一成分的影響，而是與多種成分配合有關。

（4）季節與適製性

季節變化，茶樹新梢伸育也有不同的變化。因此，不同伸育期內，採製不同茶類是因時制宜的表現。各個茶區採用多層次的茶類結構也就是這個原因。隨著季節的變化，分時間採製、綠茶、紅茶和黑茶是中國多個茶區提高經濟效益的有效措施。

四、鮮葉付製前的管理

鮮葉採下後，由於勞力、運輸、設備及其他條件的限制，一般很難做到「現採現製」。為了保證鮮葉合理加工的要求，必須加強製前的管理。

1.鮮葉的採運管理

獲得鮮、嫩、勻、淨的製茶原料，並及時送到茶廠，是製茶工作需首要注意的一環。在茶樹栽培管理上，要求分期分批按標準及時採，並適當調節採製高峰。因此，採摘應注意品種搭配及不同地形、海拔的鮮葉的平衡。採下鮮葉及時裝筐（籃）送入茶廠，保證鮮葉在運輸過程中不受損傷，因此進廠鮮葉一般不會產生發熱及變質現象。

2.「茶青」採後生理

鮮葉採下後，其呼吸作用仍然很旺盛，葡萄糖分解成丙酮酸後，繼續進入三羧酸循環，徹底氧化分解，呼吸途徑暢通。如果採後管理不當，鮮葉品質將逐漸下降，下降速度的快慢取決於乾物質的消耗速度。鮮葉呼吸強度通常受到貯青溫度的影響，溫度增加10℃，呼吸強度（單位時間內

每克乾物質的耗氧量）大約增加一倍。

鮮葉如在採運時受到擠壓損傷，其受傷處的呼吸量會大大增加。但在25℃時，呼吸強度迅速下降，呼吸熵（鮮葉在呼吸過程中氧氣吸入量與二氧化碳排出量的比值，通常用 Q_{CO_2}/Q_{O_2} 表示）也迅速下降。說明碳水化合物消耗很大，葉組織處於「飢餓」狀態，開始動用蛋白質和胺基酸。此外，除了正常的呼吸作用，還有多酚類的氧化帶來的氧的額外消耗，致使吸收氧的量大於放出二氧化碳的量。

鮮葉採後儲放過程中，正常呼吸作用仍在進行，只是呼吸熵變小，呼吸強度減弱。從下表可看出，隨著鮮葉水分的蒸發，氧氣的吸收逐漸增加，呼吸熵由1.0下降到0.65。這種現象表明，鮮葉剛採下時，呼吸作用進行正常，氧氣吸入量與二氧化碳排出量大體一致（ $Q_{CO_2}/Q_{O_2} \approx 1.0$ ），但由於細胞失水，原生質變性，部分氧氣被用到多酚類的氧化作用中去了。

鮮葉採後儲放過程中呼吸熵的變化

項目	鮮葉	攤青葉		
		採後3小時	採後6小時	採後9小時
含水量（%）	75.4	72.7	68.0	60.2
氧氣吸入量（ Q_{O_2} ，毫升）	88.5	92.0	92.0	124.0
呼吸熵（ Q_{CO_2}/Q_{O_2} ）	1.03	0.95	0.90	0.65

整體看來，在鮮葉採後儲放過程中，其呼吸作用是逐漸減弱的。細胞失水導致原生質逐漸變性，新陳代謝水準下降，加之多酚類氧化物的積累，反過來抑制呼吸酶活性，因而呼吸作用逐漸減弱。

3.鮮葉的儲放管理

（1）避免鮮葉堆積。當鮮葉堆積、氧氣吸入量不足時，丙酮酸便不能進入三羧酸循環而進入酵解途徑，常產生酒味和酸、餿味，品質劣化，甚至不堪飲用。

鮮葉堆積造成乾物質大量損耗，不但使鮮葉品質下降，也使製率大大降低；由於黴菌繁殖加快，鮮葉機械損傷部分也很容易霉爛變質。

（2）控制儲放條件。關於鮮葉儲放過程中，物質轉化與儲放條件也有一定關係。據日本原隙夫的調查分析，在厚度50公分、寬度100公分的鮮葉堆上，鮮葉堆後10～12小時，溫度上升到35～45℃，從堆中心到頂部1/6處溫度最高。此外，芽葉愈嫩，破碎葉愈多，溫度上升愈快。這種發燒現象，在採後14～15小時表現最突出，隨後發燒量迅速減少，故鮮葉儲放中適當通氣十分必要。

低溫貯青可以較好地保持鮮葉的嫩鮮度，提高茶葉品質，尤其是在減少「高峰期」設備不足帶來的茶葉品質損失方面，具有一定的意義。

據試驗，正常的室內貯青，一般不得超過24小時，但在5～10℃低溫下，貯青3天對茶葉品質仍無大的影響。目前中國大型茶廠開始採用低溫冷庫貯青，鮮葉在一週內無變化。但這項技術對設備要求較高，成本也高。

中國大、中型茶廠採用透氣貯青，取得較好效果。透氣貯青，就是將待製鮮葉放置在通風板上，底部由風機送入一定量的空氣，使氣流穿透葉層，及時驅散內部積熱，防止鮮葉紅變。與常法貯青相比，透氣貯青既省工省力，又能在較長時間保鮮。同時，由於貯青室採用風機而具有一定靜壓力，空氣氣流能穿過較厚葉層，因而可以提高攤青間利用率，攤葉量可增加3～4倍。如果再安裝一條地溝式青葉輸送帶，則可給製茶流水化作業帶來更多便利。

（3）鮮葉進廠後的管理。隨著茶廠規模逐步擴大，鮮葉進廠後管理是否得當，成為茶廠全面品質管理的重要一環。對於儲藏設備、儲藏方法及貯青過程，都應制訂科學的貯青管理措施。

中國多數茶區無專用貯青設備，多以建立貯青室為主。貯青室規模根據茶廠規模確定，一般可按每平方公尺攤鮮葉20公斤計算；要求水磨石地面或貯青槽，陰涼清潔，空氣流通，乾燥；設有排水溝，便於清洗；門

窗不宜過多，窗欄不要過大，窗口離地面至少1.5～2.0公尺；盡量控制室溫不超過25℃。

　　鮮葉攤放不宜過厚，以15～20公分為宜。氣溫高和下雨後採摘鮮葉宜薄攤，每1～2小時翻動一次。翻動時動作要輕，攤葉要呈波浪形，以利溫度散發，保證鮮葉品質。鮮葉攤放一般不超過12小時，最多24小時，但時間長短應根據攤放厚度和生產情況而定。

　　目前，大型茶廠貯青裝置有箱框式、地槽式和地面式等。還有一種適於小型茶廠使用的車式貯青槽，由鼓風機和貯青小車組成。一臺風機可以連接9個小車（小車長1.8公尺，寬1公尺，高1公尺），每車堆放鮮葉200公斤，車身底層有鐵絲網和風管，9個小車相互銜接，製茶時可以將車子脫開，推入下一道工序。

不同大小茶廠貯青設備占用面積

規格	進廠鮮葉量（公斤/天）	儲放鮮葉量（公斤/天）	常法地面貯青面積（公尺²）	透氣貯青面積（公尺²）
小型茶廠	5 000	3 500	360	80
中型茶廠	10 000	7 000	670	140
大型茶廠	20 000	14 000	1 275	265

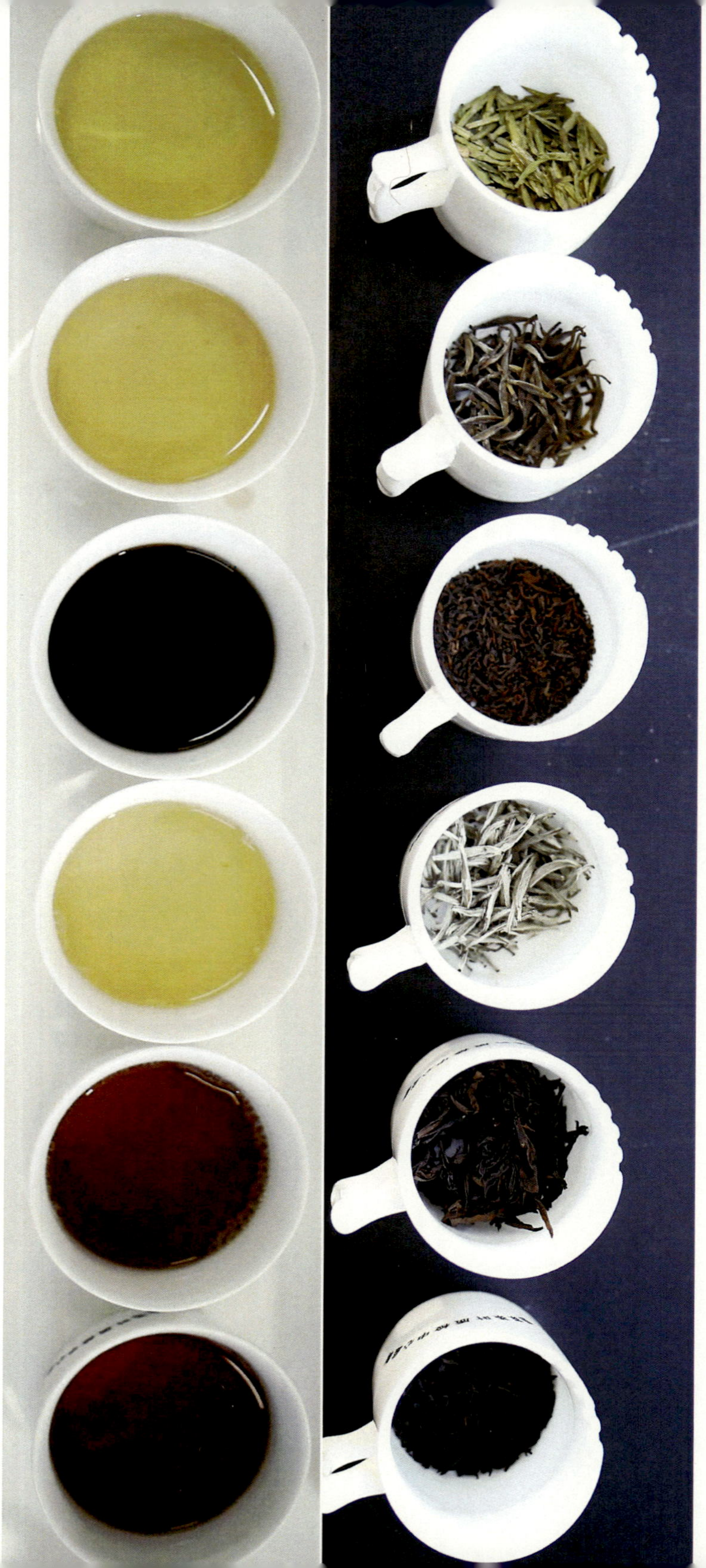

第二章 / 茶的分類與茶葉加工

中國是世界茶樹原產地，也是最早發明製茶技術的國家。晉代常璩撰《華陽國志·巴志》在述及古巴國向周國「進貢」物產時，就說這裡已「園有芳蒻、香茗」。即稱商周時茶已實現人工栽培，而且發明了製茶焙烤之法，因此，野生「苦茶」經人工焙烤後變成了受人歡迎的「香茗」，時間大概在前1100年—前300年。

第一節

茶的命名與分類

一、茶的命名

中國茶葉生產歷史悠久，品種和製法各異，品質百花齊放，加之民族、地理、風俗習慣不同，茶的命名有很多。在中國的古文字和出土文物記載中，前3世紀以來，已有荼、檟、蔎、茗、荈、茶等命名。

由「荼」到「茶」，歷經千年滄桑。「茶」字首先出現在656—660年蘇敬所撰《新修本草》。據考證，到中唐時期開始流行改「荼」字為「茶」字，且中國統一。

世界各國最先飲用的茶均由中國傳入，因此各國語言中「茶」字的譯音都與中國對茶的稱呼有關。一個系統來源於北方官話：5世紀，土耳其商人來中國西北地區購買茶葉並轉賣給阿拉伯人，故土耳其語稱茶為「Chay」，而阿拉伯人先稱茶為「Chah」，如今稱「Chai」；另一個系統則來源於閩南語：16世紀，中國茶葉經海上絲綢之路出口歐洲，大多是從廣州和廈門兩地起運，因此歐洲各國「茶」字的譯音是由閩南話演變而來的。

茶葉的命名方式主要有以下5種：

以產地命名者，通稱地名茶。如安徽祁門紅茶、浙江西湖龍井、四川

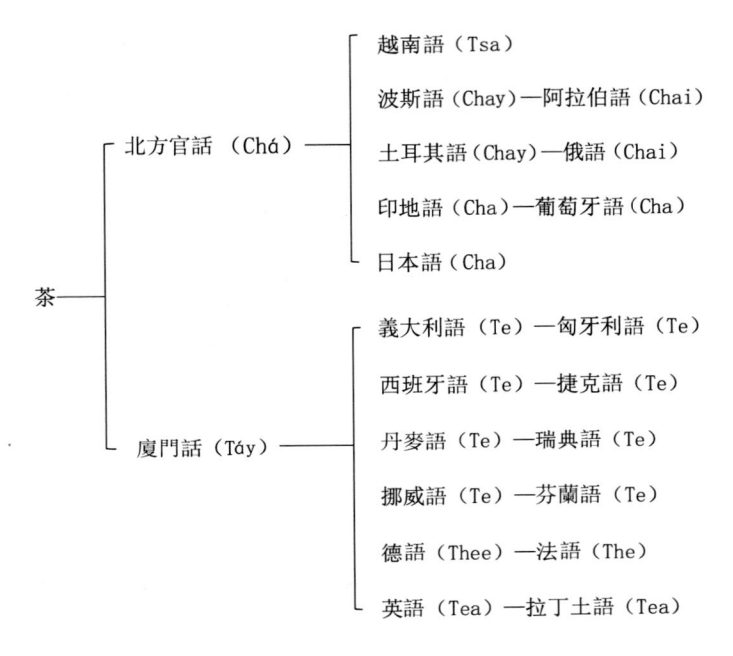

```
                          ┌ 越南語（Tsa）
                          │ 波斯語（Chay）─阿拉伯語（Chai）
              ┌ 北方官話（Chá）─┤ 土耳其語（Chay）─俄語（Chai）
              │           │ 印地語（Cha）─葡萄牙語（Cha）
              │           └ 日本語（Cha）
        茶 ─┤
              │           ┌ 義大利語（Te）─匈牙利語（Te）
              │           │ 西班牙語（Te）─捷克語（Te）
              └ 廈門話（Táy）─┤ 丹麥語（Te）─瑞典語（Te）
                          │ 挪威語（Te）─芬蘭語（Te）
                          │ 德語（Thee）─法語（The）
                          └ 英語（Tea）─拉丁土語（Tea）
```

世界主要語種中「茶」字的來源系統

蒙頂甘露、印度大吉嶺紅茶等。

以形狀、色、香、味命名者，雀舌、毛峰、瓜片、黃芽、綠雪、蘭花、香櫞、江華苦茶、安溪桃仁皆是。

以茶樹品種和產茶季節命名者，如大紅袍、鐵觀音、水仙、烏龍和春尖、穀花、秋香、冬片等。

以製法命名者，如全發酵茶、半發酵茶、不發酵茶、烘青、炒青、蒸壓茶、萃取茶等。

以銷路命名者，如邊銷茶、外銷茶、內銷茶、僑銷茶等。

二、茶的分類

在三千餘年的種茶歷史中，中國茶區人民根據茶葉色、香、味特徵發

明了多種製茶方法，創造了豐富的茶葉種類，品質各異、特色鮮明，適應了多民族不同飲食習慣與口味。2022年，「中國傳統製茶技藝及其相關習俗」列入聯合國教科文組織人類非物質文化遺產代表作名錄。中國茶類繁多，茶葉分類過去無統一方法，目前各種茶按製法和品質可分為綠茶、黃茶、黑茶、青茶、白茶、紅茶六大類，還有再加工的花茶、緊壓茶、速溶茶等，不勝枚舉。

（一）六大茶類分類系統

為了便於掌握各類茶的製造方法和品質特徵，通常以製茶過程中多酚類化合物氧化聚合程度及其對品質的影響作為茶葉分類的依據。

茶界前輩、已故安徽農業大學陳椽（1908—1999）教授按製法和品質建立「六大茶類分類系統」，以茶多酚氧化程度為序把初製茶分為綠茶、黃茶、黑茶、青茶、白茶、紅茶六大茶類，已為海內外茶界廣泛應用。

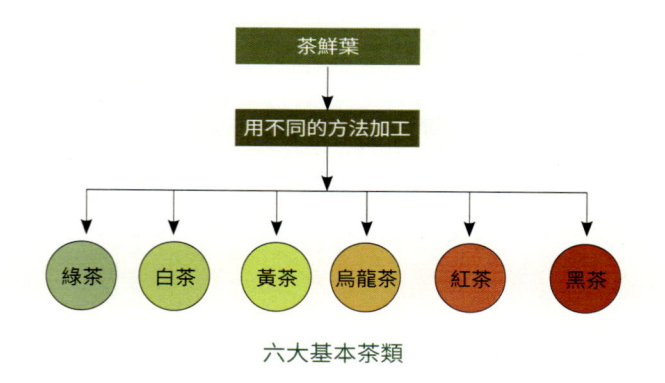

六大基本茶類

1.綠茶類

綠茶類是六大茶類中最大的茶類。用幼嫩新梢經高溫殺青→揉捻→烘焙而成。其品質特點為香高味醇，葉綠湯清。因殺青方式和最終乾燥方式的不同，分炒青（如屯溪綠茶）、烘青（如蒙頂甘露）、晒青（如滇青、川青）、蒸青（如玉露）四大類，用綠茶作原料再加工的有茉莉烘青、雲南沱茶和普洱茶等。

2. 黃茶類

黃茶類是一種古老的傳統茶類。用幼嫩新梢經高溫殺青→揉捻→悶黃→乾燥而成。其品質特點為香味醇厚、黃葉黃湯。著名的黃茶有湖南洞庭湖的君山銀針、四川的蒙頂黃芽、安徽的霍山黃芽、浙江的平陽黃湯等。

3. 黑茶類

黑茶類是中國生產歷史悠久的大宗茶類。採用成熟新梢作原料，因製造中堆積發酵時間較長，商品茶呈暗褐色，故稱黑茶。由於主要供邊疆少數民族飲用，亦稱「邊銷茶」。中國黑茶產區廣闊，品種花色很多，著名的黑茶有湖南的湘尖、黑磚、花磚、茯磚，湖北的老青磚，四川的康磚、金尖、方包，雲南的普洱餅茶、方茶和廣西的六堡茶等。

4. 青茶（烏龍茶）類

青茶（烏龍茶）類是中國茶類中製法特別考究的一類。它以形成「對夾葉」的新梢作原料，透過晒青→晾青→搖青→炒青→揉捻→烘焙等多道工序焙製而成，具有香高味爽、綠葉紅鑲邊的品質特徵。中國福建武夷岩茶、安溪鐵觀音、廣東鳳凰單叢和臺灣凍頂烏龍是這類茶的代表，暢銷日本和東南亞等國家、地區。此外，永春佛手、平和白芽奇蘭、漳平水仙亦是烏龍茶佳品。近年以該茶作原料開發的罐裝烏龍茶飲料在國際市場上十分走俏。

5. 白茶類

白茶類是中國特有的茶類。產於福建省的福鼎、政和、松溪和建陽等縣市區。它以葉背多茸毛的優良品種「大白茶」作原料，採用自然萎凋和緩慢乾燥的製法，使白色茸毛在茶的外表完整地保留下來，因此茶呈銀白色，香氣清純，滋味甘美。代表性花色品種有白毫銀針、白牡丹、壽眉、貢眉等。

6. 紅茶類

紅茶類是世界上產量最多、銷路最廣、市場競爭最激烈的一大茶類。

它以幼嫩的芽葉作原料，透過萎凋→揉捻→（切細）→發酵→烘乾等工序，製成香高味爽、滋味醇厚的小種工夫紅茶，以及適宜快速、簡便飲用的香高味濃的紅碎茶、袋泡紅茶、速溶紅茶等。

（二）綜合茶葉分類法

目前中國茶葉貿易部門根據出口茶類別將茶葉分為綠茶、紅茶、烏龍茶、白茶、花茶、緊壓茶和速溶茶七大類。綜合以上兩種方法，為進一步反映茶葉科技進步現狀，中國農業科學院茶葉研究所程啟坤研究員提出基本茶類和再加工茶類兩大類的茶葉綜合分類方法。

（三）三位一體茶葉分類法

在海外，茶葉分模擬較簡單，歐洲把茶葉按商品特性分為紅茶（Black Tea）、烏龍茶（Oolong Tea）、綠茶（Green Tea）三大類。陳椽教授認為，理想的茶葉分類方法必須反映茶葉品質的系統性，同時又要突出製法的系統性，主張以主要內含物變化結合茶類發展的先後進行分類。實踐表明，這一分類指導思想無疑是正確的，海內外的現代分類法大都遵循了這一理論。

隨著現代物理和化學分析技術的進步，近年，茶葉精深加工技術和茶葉中生理活性物質分離製備技術快速發展，從增強人體免疫功能、調節代謝平衡需要出發的茶葉新產品層出不窮，茶葉已從傳統的嗜好飲料登上了21世紀健康食品的寶座。但以上茶葉分類方法未能包括茶葉深加工製品如茶葉食品、以茶為原料製備的日用化工品等，而這一類產品必將是未來茶葉貢獻給人類具有重要價值的食品與用品之集合。筆者在繼承原有分類理論及方法基礎上，於1987年提出以用途、品質、製法三位一體進行集合的分類體系。

```
                         ┌─ 炒青綠茶 ┬─ 長炒青（特珍、鳳眉等）
                         │           ├─ 圓炒青（珠茶、雨茶、湧溪火青等）
                         │           └─ 細嫩炒青（龍井、大方、碧螺春、雨花茶、松針等）
               ┌─ 綠茶 ──┤
               │         ├─ 烘青綠茶 ┬─ 普通烘青（閩烘青、浙烘青、徽烘青、蘇烘青等）
               │         │           └─ 細嫩烘青（黃山毛峰、太平猴魁、華頂雲霧、高橋銀峰等）
               │         ├─ 曬青綠茶（滇青、川青、陝青等）
               │         └─ 蒸青綠茶（煎茶、玉露等）
               │
               │         ┌─ 小種紅茶（正山小種、煙小種等）
               ├─ 紅茶 ──┼─ 工夫紅茶（滇紅、祁紅、川紅、閩紅等）
               │         └─ 紅碎茶（葉茶、碎茶、片茶、末茶）
               │
               │                  ┌─ 閩北烏龍（武夷岩茶、水仙、大紅袍、肉桂等）
基本茶類 ──────┤                  ├─ 閩南烏龍（鐵觀音、奇蘭、黃金桂等）
               ├─ 烏龍茶（青茶）──┼─ 廣東烏龍（鳳凰單叢、鳳凰水仙、嶺頭單叢等）
               │                  └─ 臺灣烏龍（凍頂烏龍、包種烏龍等）
               │
               │         ┌─ 白芽茶（銀針等）
               ├─ 白茶 ──┤
               │         └─ 白葉茶（白牡丹、貢眉等）
               │
               │         ┌─ 黃芽茶（君山銀針、蒙頂黃芽等）
               ├─ 黃茶 ──┼─ 黃小茶（北港毛尖、溈山毛尖、溫州黃湯等）
               │         └─ 黃大茶（霍山黃大茶、廣東大葉青等）
               │
               │         ┌─ 湖南黑茶（安化黑茶等）
               └─ 黑茶 ──┼─ 湖北老青茶（薄圻老青茶等）
                         ├─ 四川邊銷茶（南路邊銷茶、西路邊銷茶等）
                         └─ 滇桂黑茶（普洱茶、六堡茶等）

                         ┌─ 花茶（茉莉花茶、珠蘭花茶、玫瑰花茶等）
                         ├─ 緊壓茶（黑磚、茯磚、方磚、餅茶等）
         再加工茶類 ─────┼─ 萃取茶（速溶茶、濃縮茶等）
                         ├─ 果味茶（荔枝紅茶、檸檬紅茶、奇異果茶等）
                         ├─ 保健茶（減肥茶、杜仲茶、甜菊茶等）
                         └─ 含茶飲料（茶可樂、茶汽水等）
```

綜合茶葉分類法

```
                                                    ┌ 綠茶─按製法分：炒青，如珍眉、珠茶、龍井、貢熙；烘青，如黃山毛峰、蒙頂甘露；曬青，如川青、
                                                    │         滇青；蒸青，如恩施玉露
                                                    │ 黃茶─按製法分：濕坯悶黃，如遠安鹿苑茶、蒙頂黃芽、臺灣黃茶；幹坯悶黃，如君山銀針、霍山黃大茶
                                                    │ 青茶─按製法分：篩青做青，如閩北水仙、武夷岩茶；搖青做青，如臺灣包種、凍頂烏龍、安溪鐵觀音
                                            ┌ 泡飲式 ┤ 花茶─按窨花種類分，如茉莉花茶、珠蘭花茶、玳玳花茶、玫瑰紅茶、香蘭茶、荔枝紅茶
                                            │       │ 紅茶─按製法分：工夫紅茶，如祁門紅茶、川紅工夫；小種紅茶，如正山小種、煙小種；紅碎茶，
                                            │       │         如C.T.C紅茶、洛托凡紅茶、轉子機紅茶
                                            │       │ 白茶─按嫩度分：芽茶，如白毫銀針；葉茶，如白牡丹、貢眉等
                                            │       └ 黑茶─按產地分：雲南普洱茶、安化黑茶、廣西六堡茶
                                            │       ┌ 磚茶（緊壓茶）─按形狀分：簍裝緊壓茶，如四川康磚、金尖、方包；磚形茶，如湖南黑磚、花磚、
                                            │       │          茯磚、湖北老青磚、緊茶、雲南方茶
                                            │ 煮飲式 ┤ 醃茶─雲南竹筒茶
                                            │       │ 擂茶─湖南擂茶、廣西擂茶
                                   ┌ 茶葉飲料┤       └ 油茶─湖南湘西油茶、四川土家油茶、西藏酥油茶、蒙古奶茶
                                   │        │       ┌ 速溶茶─速溶紅茶、速溶綠茶、速溶烏龍茶、速溶花茶、速溶普洱茶
                                   │        │       │ 冰茶─檸檬冰茶、蘋果冰茶、香草冰茶、麥香冰茶
                                   │        │       │ 汽水茶─檸檬汽水茶、荔枝汽水茶、香草汽水茶、果味汽水茶
                                   │        │ 直飲式 ┤ 泡沫茶─泡沫紅茶、泡沫烏龍茶、泡沫包種、泡沫鐵觀音
                                   │        │       │ 茶水罐頭─荔枝紅茶、麥香紅茶、烏龍茶、玉露綠茶、茉莉花茶
                                   │        │       └
                                   │        └ 茶酒─四川茶酒、茉莉花茶精釀啤酒
                                   │        ┌ 茶糖果─紅茶奶糖、紅茶巧克力、紅茶飴、綠茶飴
                                   │        │ 茶點心─紅茶餅乾、紅茶蛋糕、綠茶三明治、綠茶饅頭
                               茶 ─┤ 茶葉食品┤ 菜餚─龍井蝦仁、樟茶鴨子、清蒸茶鯽魚、綠茶番茄湯、涼拌嫩茶尖
                                   │        │ 茶飯─茶粥、雞茶飯、鹽茶雞蛋
                                   │        └ 茶冷凍食品─紅茶冰淇淋、紅茶娃娃糕、綠茶凍
                                   │        ┌ 茶多酚─維多酚、兒茶酚口服液
                                   │        │        ┌ 專用藥茶：寧紅保健茶、上海保健茶、清咽保健茶、防齲茶、降糖茶、降酯茶
                                   │ 茶保健品┤ 保健茶 ┤ 補藥茶：人參茶、富硒茶、杜仲茶、八珍茶、參芪茶
                                   │        │        └
                                   │        └ 茶多醣抗輻射製劑（針劑）
                                   │                         ┌ 茶葉抗氧化劑、茶葉色素、茶葉保鮮劑
                                   └ 茶葉日用化工品及添加劑 ┤
                                                             └ 茶皂素製品：茶葉洗髮香波、茶葉防臭劑、茶葉起泡劑（表面活性劑）
```

「三位一體」茶葉分類法

第二節

綠茶「清湯綠葉」之謎

> 詩曰：「色綠淡雅滿盞花，香郁斗室一杯茶。味甘源自老龍井，形美貌如你的她。」

鴉片戰爭後的一天，一個高鼻梁、藍眼睛的神祕英籍男子帶著特殊使命來到中國武夷山。他就是「茶葉大盜」羅伯特‧福鈞（Robert Fortune，1812—1880），受維多利亞女王和東印度公司派遣，前來中國執行一項特殊任務——弄清中國紅茶與綠茶的祕密並帶回其種子。

此前，風靡倫敦的中國茶讓東印度公司痛失大批白銀，而關於紅、綠兩大分類是否因為有紅、綠兩個樹種或是其他原因，也在白金漢宮中爭執不休。中國茶之祕密必須請通曉中國事務的福鈞博士前去中國弄清才是。

福鈞兩次中國茶鄉之行（1843—1848年），弄清了「清湯綠葉」的綠茶與「紅葉紅湯」的紅茶原來不是樹種的影響，而是製茶方法不同。這個有英國皇家科學院院士頭銜的「植物學家」此行不僅盜走大量中國茶種，還擄去一批擁有精湛技藝的製茶工人，在印度大吉嶺下開發出著名的大吉嶺紅茶和清湯綠葉的中式綠茶。

中國綠茶以清湯綠葉、香高味醇譽滿世界，它不僅以西湖龍井、黃山毛峰驚豔中國人，讓綠茶成為「中國茶」最具代表性的茶葉產品，而且以「屯綠」為代表的炒青綠茶成為許多北非國家人民的生活必需品。

　　綠茶「清湯綠葉」之謎，關鍵究竟在哪裡？

一、葉綠素乃代謝基礎

　　絕大多數綠色植物在自然界透過光合作用製造能量，葉綠素分布於細胞原生質中，與蛋白質緊密結合，不溶於水，受熱時，會引起水解，由親脂變為親水。它不僅影響綠茶外形、色澤，而且進入茶湯影響湯色，是決定綠茶乾色與湯色的主要色素。葉綠素主要有兩種類型，一種是葉綠素a，呈墨綠色；另一種是葉綠素b，呈黃綠色。葉綠素a與葉綠素b在鮮葉中的比例大約是2：1，但因品種、栽培條件和鮮葉老嫩等因素的影響，鮮葉中葉綠素a與葉綠素b的含量、比例不同，使鮮葉有深綠色與黃綠色之別。通常深綠色鮮葉的蛋白質含量較高，淺綠色的鮮葉則相反。因此，深綠色的鮮葉適製綠茶，淺綠色的鮮葉適製紅茶。

二、酶活性抑制

　　茶葉製造中顏色變化，不僅受自身色素種類影響，還受細胞原生質膠體中一種特殊蛋白質——活性酶的調控。

　　無論動物與植物，其體中都存在著有機催化劑——酶，生物體就是靠酶的作用，進行著比體外非酶作用快數萬倍的複雜的生化變化。茶葉中存在很多種酶，其中如多酚氧化酶能催化多酚類氧化，使葉色變紅。如果用一定方法破壞了酶的活性，多酚類就失去了被氧化的基礎，葉色不會迅速變紅。綠茶的殺青，就是用高溫鈍化酶的活性，酶失活以後，茶在以後的過程中就不會出現紅變的現象。

綠茶自動殺青機

　　殺青，不論炒青、蒸青，都是利用高溫破壞酶活性。如果處理不當，不但不能破壞酶活性，反而會增加酶的活性而引起紅梗紅葉。這是茶葉保持「清湯綠葉」的基本條件。

　　幾乎所有的化學反應都受溫度影響，溫度升高，化學反應速度就會加快。溫度每升高10℃時，速度大約加快一倍。這個倍數稱溫度係數，習慣上以Q_{10}代表。溫度對酶的兩重性，就是在加快催化反應速度的同時，高溫條件也增加鈍化反應的速度；在常溫條件下以提高催化反應速度為主導，高溫條件下則以增加鈍化反應速度為主導。據測定，植物酶的最適溫度在40～50℃，當超過最適溫度時，酶的活性就開始下降，在85℃以上時，酶的活性就被破壞。綠茶殺青過程中酶活性的變化如下表所示。

嫩葉殺青過程中酶活性的變化

殺青時間（分鐘）	0	1	2	3	4	5	6
平均葉溫（℃）	28	61	83	85	66	67	67
多酚氧化酶（毫克/克）	100	54	34	5	0	0	0
過氧化物酶（毫克/克）	100	55	43	6	0	0	0

酶受熱活性破壞後是不可逆的，但溫度低於40～50℃，酶的活性未遭鈍化，在高溫解除後，會恢復活力。所以殺青不透，暫時不產生紅梗紅葉，在揉捻或乾燥時卻發生了紅變現象，就是這個道理。

三、工藝條件的制約

實踐中，因鮮葉老嫩程度、含水量、殺青鍋溫的不同，產生的清湯綠葉效果也不一樣。例如手工炒製龍井茶，鍋溫只需90～100℃（高級茶）；而用84型殺青機，則要求鍋溫在300℃以上，二者鍋溫高低差距很大，但同樣達到了不產生紅梗紅葉的目的。事實說明，高溫殺青所指的高溫，主要是透過鍋壁傳遞與輻射，達到足以破壞酶活性的葉溫。

殺青中蒸發的水分多，消耗的熱量也多，葉溫不易升高。嫩葉和雨水葉的含水量較高，而老葉和無表面水的鮮葉含水量較少，所以前者消耗水分所需熱量較後者多。為了升高葉溫，在生產中除用提高鍋溫的辦法，常以控制投葉量來調節葉溫。嫩葉在殺青中需要較高的溫度，不僅是因為含水量較高，還與酶活動力較強有關。

第三節

烏龍茶「岩骨花香」之源

> 詩曰：「南國烏龍三大家，岩骨花香第一茶。觀音神韻溢九州，東方美人闖天下。」

青茶，又叫「烏龍茶」，是中國六大茶類中獨具高香特色的一大茶類，如武夷岩茶、安溪鐵觀音和鳳凰單叢等。它們的品質介於綠、紅茶之間，綠葉紅鑲邊，但香氣尤為獨特。其花香沁人肺腑，果香甜醇持久，蜜香沉穩雋永。如武夷山用肉桂、水仙等品種製成的「大紅袍」、「溪谷留香」等茶品，被世人用「岩骨花香」形容，稱其花香來源於「碧水丹山」巖石石縫之中，果真如此嗎？現以岩茶為例說明。

武夷岩茶的「岩骨花香」，首先源於廣大茶農在世代相傳的茶樹選種留種工作中，把當地建成了人工選擇與自然選擇相結合的茶樹資源基因庫；其次，當地山場、氣候、土壤特別適宜這些品種生育；第三，廣大茶農在長期製茶實踐中充分發揮出這些品種的優良特質，並總結出一套不同於其他茶類的做青和烘焙工藝。

一、高香品種的基因庫

茶樹在植物分類學的通用名稱為 *Camellia sinensis* (L.) O. Kuntze。基於分類方法不同，其名稱亦不統一。因其異花授粉，所以茶樹無論是有性還是無性後代，在遺傳組成上都是雜合的，均會出現不同程度的性狀分離。在有性繁殖條件下，茶樹的遺傳性狀不可能完整保留下來。基於遺傳的多樣性，在茶樹育種工作中，經常利用雜種一代特性作為新品種選育的基礎。烏龍茶的許多優良品種就是利用雜交變異現象精心定向培育的後代。

武夷山素來有「茶樹品種王國」之稱。1943年福建茶人林馥泉對武夷山適製烏龍茶的茶樹品種進行實地調查，僅慧苑坑就有茶樹花名800多個。武夷岩茶多以茶樹品種命名，因品種不同，可分為菜茶、水仙、肉桂、烏龍、梅占等；除菜茶（當地稱「奇種」），其餘各品成茶均冠原茶樹品種名稱，如水仙樹種所製成的茶即稱為水仙，肉桂樹種所製成者稱為肉桂。

武夷岩茶為烏龍茶中的上品，味甘澤而氣馥郁，去綠茶之苦，無紅茶之澀，性和不寒，久藏不壞。香久益清，味久益醇，葉緣朱紅，葉底軟亮，具有綠葉紅鑲邊的特徵。茶湯金黃或橙黃色，清澈豔麗。香氣馥郁具幽蘭之勝，銳則濃長，清則幽遠，味濃醇厚，鮮滑回甘，有「味輕醍醐，香薄蘭芷」之感，所謂品具岩骨花香之勝。

武夷岩茶之所以能在烏龍茶眾多品類花色中獨樹一幟，根本原因在於其母樹菜茶群體具有強大的「高香」基因。在武夷山「三坑兩澗」中，菜茶群體多為有性（種子）繁殖，其子代因異花授粉而產生變異，茶農在長期生產實踐中選擇香氣特異者單株育種，稱為「單叢」，然後優中選優，並根據品質特徵，選出「名叢」，如四大名叢大紅袍、白雞冠、水金龜、鐵羅漢就是這樣選育出來的。武夷山茶農和廣大育種

工作者，近代如林馥泉、吳振鐸、林心炯、姚月明等，經過反覆單株選育，積累了名目繁多的優秀單株。後經分別採製、品質鑑定，最後以成品茶品質為標準，反覆評比，依據品質、形狀、產地等不同特徵命以「花名」。由各種花名中評出「名叢」，在普通名叢中再評出了四大名叢。

名叢，首先以優異的品質為選擇條件，然後依其不同特點命名。以茶樹生長環境命名的，如不見天、嶺上梅、半天腰等；以茶樹形態命名的，如醉海棠、鳳尾草、玉麒麟、一枝香等；以茶樹葉形命名的，如瓜子金、金柳條、竹絲等；以茶樹葉色命名的，如紅海棠、石吊蘭、水紅梅、綠蒂梅、黃金錠等；以茶樹發芽遲早命名的，如迎春柳、不知春等；以成品茶香型命名的，如肉桂、白瑞香、夜來香、十里香等。

二、獨特的氣候、土壤條件

氣候條件也是烏龍茶優異品質形成的重要生態因子，不僅直接影響茶樹體內物質代謝，對茶園土壤的理化性狀也有深刻的影響，導致茶葉內含物在數量和比例上的明顯差異，茶葉品質也因此迥然不同。

據林馥泉記載，烏龍茶區雖地形較高，峰岩聳立，深谷陡峭，茶樹生長於山坳岩壑之間。日照比平地時間短，終年很少日光直射，霜雪極少，以溼度論，則岩泉點滴，終年不絕；冬季走入山中，每見青草油綠，花香鳥語，真不知山外尚有嚴冬，皆為得天獨厚者。

此外，茶園森林覆蓋率決定茶樹接收光照度的強弱。主要產區栽培的茶樹多為灌木或小喬木，周圍有高大的樹木蔭蔽，而該地區所處的經緯度使茶樹在夏秋季能夠得到每天不少於8.5小時的日照。

土壤是茶樹生長的基礎，影響茶葉品質。茶學家王澤農曾對武夷山茶地土壤進行調查、化驗、分析，著《武夷茶岩土壤》，進一步證明了明代徐𤊹在《茶考》中所說的武夷「山中土氣宜茶」的觀點。

武夷山茶園土壤（張秀琴　圖）

　　陸羽《茶經》有「上者生爛石，中者生礫壤，下者生黃土」之說，可見土壤類型與茶葉品質密切相關。茶樹是喜歡酸性土壤的植物。種植茶樹的土壤要有一定的酸鹼度範圍。土壤團粒結構較多，有一定的透氣性、透水性和保水保肥能力，則有利高品質茶葉的生成。同時，土壤的礦質元素對茶葉的品質也有較大的影響。

　　礦質元素對茶樹的生長也有重要的影響。鉀元素在茶樹新梢中隨其成熟度增加而降低，且有調控茶樹內含物的作用。鎂和鉀有助於提高茶樹橙花叔醇、橙花醇、雪松醇等烏龍茶特徵香氣組分的含量。相關研究表明，土壤中鉀、磷、鎂含量高的產地，茶葉香氣較好。

　　姚月明曾以武夷山竹窠、企山、赤石分別代表正岩、半岩、洲茶三地茶園，調查表明，三地茶園三要素含量相互比例相差甚大，竹窠茶園含磷、鉀高而氮低，赤石茶園含氮高而磷、鉀低，企山茶園則介於二者之間。正岩區土壤中除速效鉀和速效鎂含量較高，水解氮、速效鉀、速效磷和速效鎂之間的比例也較半岩產區和洲茶產區合理。

　　土壤中各元素之間相互協調、相互促進，有利於提高茶葉品質。而半岩、洲茶產區人為的影響因素較大，常年偏施某種礦質元素，破壞了原有土壤礦質元素的平衡，各種元素之間的搭配不均，其作用效果不能促進，甚至阻礙了茶樹對礦質元素的吸收。

三、精湛的做青、焙火技術

武夷岩茶傳統製作工藝歷史悠久、技藝高超，2006年被列為中國國家級非物質文化遺產。手工製作程序是：採摘→倒青（即萎凋）→做青→炒青→揉捻→複炒→複揉→走水焙→揚簸→挑選剔→複焙→歸堆→篩分→拼配等。關鍵工序是做青和焙火。

岩茶以內質為主的特殊性，要求鮮葉採摘標準不同於其他茶類。一般是新梢芽葉伸育完整而形成駐芽時採三四葉，俗稱「開面採」，由於老嫩程度不同，又分為小開面、中開面、大開面。「做青」包括倒青（萎凋）、晾青、搖青、靜置等多道工序，是烏龍茶品質形成的基礎與關鍵，正常氣候條件下需要16～20小時，是利用茶樹體內櫻草糖苷酶的活性，促進其局部先期氧化，使茶葉內部色、香、味活性物質前體產生複雜的生化變化，葉背細胞芳香物質前體水解，逐步轉化為揮發性香氣（如芳樟醇、橙花叔醇等）與水溶性糖。在做青過程中，葉片和梗從散失水分「退青」，到「走水」、「還陽」恢復彈性，動靜結合，反覆相互交替，搖動變化，又要靜放抑制變化。長時間、有控制地完成至葉脈透明、葉面紅黃、紅邊三成、葉呈湯匙狀、以手觸葉略感柔軟、花香濃郁，即為適度。起鍋後即趁熱揉捻，至茶汁溢出，條索緊結捲曲，烘乾機乾燥，然後再挑選剔黃片、茶梗，即為毛茶。

精製最關鍵的是焙火。清人梁章鉅評價道：「武夷焙法，實甲天下。」初焙在高溫下短時間內進行，最大限度減少茶葉中芳香性物質的損失，固定品質。複焙使茶葉焙至所要求的足乾的程度。然後茶葉在足乾基礎上文火慢焙，經過低溫慢焙，促進茶葉內含物的進一步轉化，同時以火調香，以火調味，使香氣、滋味進一步提高，達到熟化香氣、增進湯色、提高耐泡程度的目標。在焙至足火時，茶葉表面呈現寶色、油潤，乾茶具有特殊的焦糖香。

武夷岩茶之手工搖青（溪谷留香　圖）

焙火

　　當前，烏龍茶的做青與烘焙技術已經在人工智慧和大數據技術支撐下，走上智慧化、自動化的道路，茶葉根據品種、鮮葉含水量及物理性質實現了程式控制升溫，定時、定速並自動翻拌，大大減少勞動力和工作強度，實現省力化運行，品質穩定。

第四節

紅茶「自體發酵」之解

> 有詩曰：「南方嘉木古稱檟，巴山峽川是老家。渝有南川金山紅，滇紅祁門人人誇。」

　　紅茶，是世界茶飲的主要花色品種，已有300多年的生產歷史。17世紀由中國東南沿海經海陸兩條絲綢之路運往歐洲，並出現在英國皇室的餐桌上，以香高、色豔、味濃迅速風靡歐洲。18世紀中葉，中國紅茶製法傳到印度、斯里蘭卡。近200年來，全世界已有40多個國家生產紅茶，紅茶年產量近200萬噸，成為世界茶葉大宗產品，主要有紅碎茶（初製分級紅茶）、工夫紅茶、小種紅茶。代表性的花色品種有中國祁門紅茶、滇紅、正山小種，印度大吉嶺紅茶，斯里蘭卡高地茶及肯亞紅茶等。

　　紅茶品質的形成，是利用鮮葉酶促氧化作用的結果。其色、香、味在被習慣稱為發酵的這一氧化聚合過程中發生了深刻的變化。隨著現代分析方法的進步，已經查明紅茶400多種成分形成的途徑，製造中茶多酚變化顯著，主要成分兒茶素（Catechin）類減少80%以上。下表說明，紅茶初加工，即紅茶品質特徵形成的主要階段，是在以發酵為中心的兒茶素氧化聚合過程中，經過一系列生物化學反應完成的。本節將以此為重點介紹紅

茶品質形成原理。

紅茶製造中鮮葉化學成分變化（阿薩姆種，占乾物質比例）

材料	兒茶素類（%）	黃酮苷（%）	白花色苷（%）	茶黃素（%）	酚酸及縮酚酸（%）	其他酚酸氧化物（%）	咖啡因（%）	胺基酸及肽（%）	游離糖（%）	有機酸（%）	蛋白質（%）	灰分（%）
鮮葉	9～13	3～4	2～3	—	5	0	3～4	4	0.5	0.5	15	5
紅茶	1～3	1～3	0	1～2	—	3.5～5.5	3～4	5	0.5	0.5	15	5

資料來源：桑德森（1968）。

紅茶製造與綠茶、烏龍茶、黑茶的最大區別在於它透過萎凋提高鮮葉中酶系的活性，並在揉捻和發酵中利用酶促氧化作用，透過葉綠素的氧化降解和兒茶素類化合物的氧化聚合，使茶黃素（*Theaflavin*）、茶紅素（*Thearubigins*）等有色物質形成紅葉紅湯的基本色澤。同時，透過一系列激烈的化學變化，形成強烈的滋味和芳香。最後的烘焙，目的在於終止發酵和發展香氣，並便於儲運。

可見，紅茶色、香、味形成是透過萎凋、揉切、發酵和烘焙等工序逐步完成的。

一、紅茶「紅葉紅湯」的形成

17世紀初，中國紅茶傳入歐洲，英國皇室為其鮮豔奪目的色澤所傾倒。1712年法國文學家蒙代（P.A.Motteux）所作《茶頌》曾轟動全歐洲：「天之悅樂惟此芳茶兮，亦自然真實之財利。蓋快之療治兮，而康寧之性質……茶必繼酒兮，如終戰之和平。群飲彼茶兮，乃天降之甘霖。」

據分析，茶鮮葉中多酚氧化酶（PPO）的酶促氧化，以兒茶素的氧化為主，沒食子兒茶素（L-EGC）和L-表沒食子兒茶素沒食子酸酯（L-EGCG）最先被氧化縮合，生成茶黃素（TF）和茶紅素（TR），構成紅茶湯色。羅伯茨用模擬方法探明了紅茶發酵中有色物質形成的途徑，認為發酵是紅茶製造最重要的工序，在多酚氧化酶的作用下，促使兒茶素氧化，因此發酵可

促進酶促氧化作用正常進行，產生茶紅素和茶黃素，除此以外，還形成了其他有色和無色的化合物。

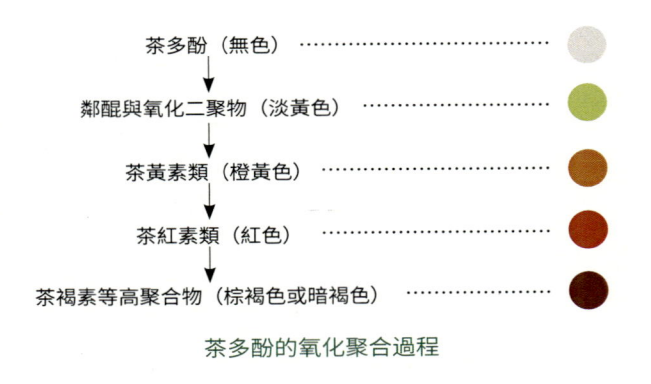

```
茶多酚（無色） ············· ○
        ↓
鄰醌與氧化二聚物（淡黃色） ············· ●
        ↓
茶黃素類（橙黃色） ············· ●
        ↓
茶紅素類（紅色） ············· ●
        ↓
茶褐素等高聚合物（棕褐色或暗褐色） ············· ●
```

茶多酚的氧化聚合過程

二、紅茶甜醇香氣的形成

1980年代，由於水蒸氣與乙醚同時萃取法（SDE法）、氣—質聯用色譜法（GC-MS法）及核磁共振波譜法的成功應用，紅茶香氣研究在海內外取得突破性進展。1985年，東京御茶水女子大學名譽教授山西貞博士、小林彰夫教授和靜岡大學的伊奈和夫教授、伊藤園綜合研究所的竹尾忠一博士等取得重大研究進展。大量實驗數據證明：

在鮮葉萎凋過程中，茶葉含水量減少40%～50%，細胞透性增強，液胞膜和葉綠粒膜發生改變，各種香味先質的糖苷與β-糖苷酶接觸，產生水解作用，香氣化合物迅速游離出來，使萎凋過程香氣成分的總量提高10倍以上。短時間增至最大量的有順-3-已烯-1-醇（青葉醇）、反-2-已烯-1-醇、沉香醇，同時鮮葉中的揮發性成分如胺基酸、咖啡因也有所增加，它們對改善滋味產生重要影響，也是在後續工序中形成香氣的重要先質。

紅茶產地、品種、製法不同，萎凋程度要求也不一致，這使紅茶香型有很大差異。用傳統方法生產的祁門紅茶的「祁門香」，是一種薔薇和木蘭香的香氣；而大吉嶺紅茶則具有濃郁的麝香葡萄的韻味；烏伐高地茶則

被認為有鈴蘭和丁香的細長高雅香韻。

以採用C.T.C（Crush Tear Curl）製法的紅茶與傳統製法紅茶進行香氣比較，由於前者萎凋程度較輕，揉切強烈、快速，因而氧化聚合作用速度也加快，茶葉中以糖苷形式存在的香氣化合物尚未充分水解，其他成分急劇氧化，生成香氣迅速轉化為少量的醇和大量的羧酸類，因而這類茶缺少如大吉嶺紅茶和祁門紅茶類似雋永幽雅的花香，香氣成分總量也低於傳統製法紅茶。

研究證明，紅茶香氣成分的大量形成始於萎凋、盛於發酵，山西貞研究發現，多數香氣成分在發酵中大增。這是因為發酵中酶系活性增加，除了兒茶素類的氧化聚合，茶中的胺基酸、不飽和脂肪酸及醣類發生氧化降解而形成揮發性化合物。1971年桑德森在茶葉發酵過程中分離出胡蘿蔔素及其氧化降解產物。它們在紅茶中含量雖微，但對茶葉品質影響甚大，只要存在，即可用感官方法品嘗出來。因此某些國家茶葉理化檢驗部門以此作為判定紅茶品質的依據之一。

紅茶發酵

三、紅茶濃強鮮爽及回甘滋味的形成

紅茶強烈鮮爽的滋味產生於加工過程。除了前面提到的兒茶素的氧化聚合是其強烈的收斂性之源，在發酵及烘焙中醣類的氧化、裂解及胺基酸的氧化和相互作用，也賦予紅茶以獨特的味感。

紅茶加工中特別值得提出的是可溶性醣和胺基酸在加熱過程中產生的梅納反應（Maillard reaction），即茶葉烘焙溫度120℃以上時，產生焦糖香，其香味形成途徑如下圖所示：

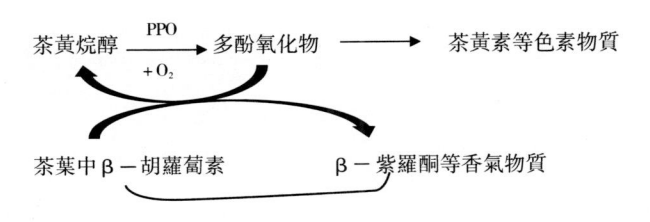

茶黃烷醇 —PPO, +O₂→ 多酚氧化物 → 茶黃素等色素物質

茶葉中β－胡蘿蔔素　　β－紫羅酮等香氣物質

紅茶發酵的偶聯氧化作用（桑德森，1971）

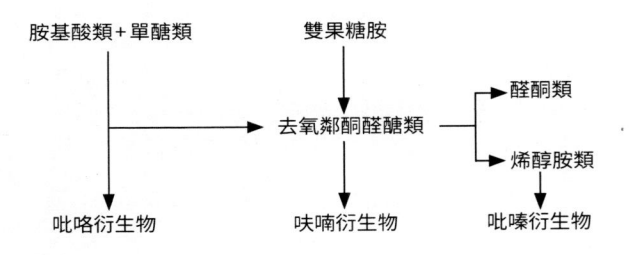

胺基酸類+單醣類　　雙果糖胺
　　　↓　　　　　　　↓
　　　　→　去氧鄰酮醛醣類　→　醛酮類
　　　↓　　　　　↓　　　　→　烯醇胺類
吡咯衍生物　　呋喃衍生物　　吡嗪衍生物

梅納反應中香味物質形成途徑

第五節

普洱茶「切油化脂」之理

> 詩曰：「茶馬互市興華夏，滿蒙維藏愛黑茶。明清普洱傳天下，解膩消食全靠它。」

普洱茶，已成為世界茶飲市場的一個新焦點。進入21世紀，中國普洱茶生產出口數量呈上升趨勢，總量近10萬噸。隨著普洱產銷兩旺，各種普洱茶健身宣傳廣告貼滿日本與西歐國家藥店、飲料店和超市的櫥窗；中國各種關於普洱茶的文化周、旅遊節、研討會、展銷會應接不暇；各種關於普洱的著作，如《方圓之緣——深探緊壓茶世界》、《普洱茶譜》、《中國普洱茶》等面世，令人眼花撩亂。

普洱茶如今在世界各地流行，主要原因在於人類對蛋白質、脂肪、醣類等營養物質攝取的增加以及快節奏的生活和工作壓力使人們在飲食養生方面更加

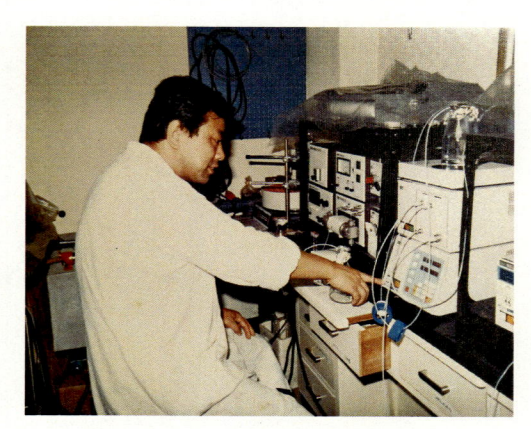

筆者在進行普洱茶香氣成分分析試驗

考究。因此，具有「切油化脂」特性的黑茶成為廣大消費者座上新寵。其中，黑茶類最大宗的普洱茶尤其受到茶飲市場的關注。

隨著研究手段的進步，筆者從1990年代以來，以普洱茶為主要對象，對其香氣特徵、功能成分以及降血脂、減肥藥理學與毒理學進行研究。

一、普洱茶品質基礎——雲南大葉種

世界一切優良農產品，其品質都與產地環境及優良遺傳基因有關。普洱茶的木香陳韻及保健功能也是如此。

1.猛庫大葉種

植株喬木型，樹姿開展，生長勢強，分枝部位高。葉長橢圓形，葉尖較長而鈍，葉基卵圓形，葉色濃綠，葉肉厚而軟，葉面顯著隆起，葉緣微捲，鋸齒大而淺，主脈明顯。芽頭粗壯，芽黃綠色，密披茸毛，萌芽力強。新梢一年萌發5輪，全年可採茶28次。一芽二葉平均重0.62克，產量較當地品種高37%～65%，六年生茶樹畝產鮮葉330公斤，成茶條索粗壯，白毫顯露，色澤烏黑褐潤，滋味強烈，湯色濃豔，香氣高銳。一芽二葉蒸青樣含茶多酚33.76%、咖啡因4.06%、胺基酸1.66%、兒茶素總量182.16毫克/克、水浸出物48%。1984年審定為中國國家級良種。

2.勐海大葉種

植株喬木型，早生種。樹姿開展，生長勢強。葉長橢圓形，葉尖漸尖，葉肉厚，葉質柔軟，葉色綠，葉面隆起，葉緣微波。芽頭肥壯，黃綠色，密披茸毛，持嫩性強。採茶期從2月下旬至11月下旬，新梢一年萌發5～6輪，全年採茶25～26次，產量高，一芽二葉平均重0.66克，易採摘。一芽二葉蒸青樣含茶多酚32.77%、兒茶素總量181.72毫克/克、胺基酸2.26%、咖啡因4.06%、水浸出物46.86%。1984年審定為中國國家級良種。

二、熱帶雨林氣候孕育豐富內含物

從普洱茶的「家譜」可以看出，優良的遺傳基因使普洱茶的原料具有外形粗壯肥大，內含水浸出物、茶多酚、胺基酸、可溶糖含量高，氧化基質豐富的先天優勢。在普洱茶的初、精加工和儲藏過程中，由於外界溼熱作用和長時間的自身氧化、聚合，茶葉由鮮爽、濃烈及刺激性強逐漸轉化為持久陳香、醇厚甘滑的香味特徵。原料茶所特有的粗澀和日晒氣完全消失，代之以類似芷蘭和樟木樣的幽香，入口後，喉韻十足，齒頰留香，讓人印象深刻。

三、普洱茶醇和回甘與兒茶素、醣類大量降解有關

透過日本黑茶、廣西六堡茶與雲南普洱茶比較發現，普洱茶醇和回甘滋味與茶葉中兒茶素、醣類氧化降解有密切關係。日本名古屋女子大學將積祝子教授曾對普洱茶及幾種黑茶的游離還原醣等成分進行分析，發現雲南普洱茶及沱茶由於渥堆及倉儲，茶葉中兒茶素及醣類顯著氧化降解，與六堡茶比較尤為顯著。

普洱茶與其他黑茶渥堆、倉儲過程中成分變化比較

茶類	全氮（%）	兒茶素總量（%）	咖啡因（%）	可溶性醣（毫克/100克）	還原醣（%）	維他命C（毫克/100克）	胺基酸（毫克/100克）	灰分（%）
普洱散茶	4.41	5.91	3.40	20.30	0.90	10.0	152.78	6.72
普洱沱茶	4.06	3.10	2.62	36.10	0.44	16.0	78.41	5.96
六堡茶	5.02	7.50	3.53	42.20	1.44	—	159.30	—
日本黑茶	3.51	2.02	2.73	23.54	1.31	17.6	55.77	7.10

資料來源：《日本農藝化學會誌》。

四、獨特陳香與次生代謝關係密切

採用氣相色譜與質譜（GC-MS）聯用以及核磁共振波譜儀（NMR）對不同品種的普洱茶原料和製品香氣成分進行定性—定量分析，結果表明：普洱茶的獨特陳香與雲南大葉種鮮葉中豐富的醣類及次生代謝產物有關。喬木型雲南大葉種普洱茶芳香油總量與中、小葉種無顯著差異，但香氣成分組成增加20%，具有樟香及陳香特徵的香氣n-壬醛（n-Monanal）、氧化芳樟醇（Ⅰ）(Linalool oxide Ⅰ)、氧化芳樟醇（Ⅱ）(Linalool oxide Ⅱ)、n-癸醛（n-Decanal）、芳樟醇（Linalool）、1-乙基-2-甲醯基咯（1-Ethyl-2-Formylphyole）、苯乙醛（phenylacetaldehyde）等16個組分含量明顯高於中、小葉種。而這些組分多數為形成茶葉陳醇甜香及甘醇滋味的重要組成。生長樹齡愈長的大茶樹，這一類次生代謝物質含量和組分愈豐富。無論是不飽和脂肪酸代謝產物，還是胺基酸降解產物以及多萜類氧化降解產物，都對普洱茶深沉細膩的香韻產生十分微妙的影響。

普洱茶原料與製成品之間香氣組成和含量有明顯變化，尤其製成品較原料組分增加25%。同時，沒食子酸和二甲氧基苯的增加，對增加茶湯滋味的醇厚度以及改善普洱茶的功能都有影響。而喬木型老樹雲南大葉種因其次生代謝產物和多醣類物質種類更豐富，表現尤為突出。

五、渥堆（熟成）動力

紅茶製造中兒茶素氧化聚合的動力是多酚氧化酶等酶系的作用，但普洱茶原料初製過程中酶活性已基本被抑制，引起兒茶素劇烈氧化的直接原因是茶在堆積中微生物代謝的生物熱化學反應。

從下圖可以看出，在普洱茶渥堆過程中，茶葉要經過4次以上「翻

堆」。這主要是因為溼熱條件下茶堆中多種益生菌大量繁殖，其呼吸作用加強，堆溫不斷升高，最高可達60℃以上。為了保證微生物正常代謝和茶葉中香味成分的溫和轉化，必須用「翻堆」來控制堆溫、pH和相對溼度等。

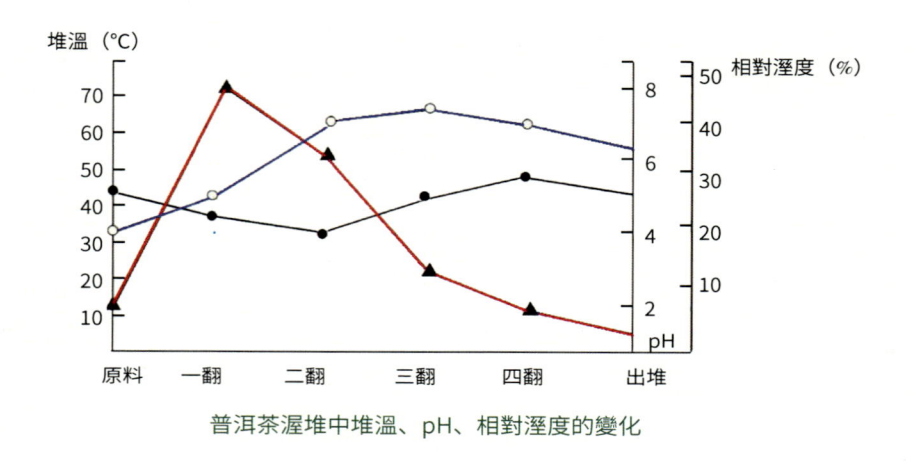

普洱茶渥堆中堆溫、pH、相對溼度的變化

渥堆的場所要清潔，無異味，無日光直射，室溫保持在25℃以上，相對溼度在85%左右。將茶葉分級堆在籖墊上至一定厚度，噴水，上蓋溼布，並加覆蓋物，以保溼保溫，促演化學變化。

一般認為，在渥堆中起主要作用的是水熱作用，同時也不否認微生物和酶的作用。水熱作用的主要方向是增加茶坯水分。如含水量過低，堆溫就不容易升高。隨著堆溫的升高，化學變化加速進行，因而茶坯的色、香、味也發生明顯的變化。

對渥堆過程水熱變化的監測及微生物分離鑑定結果表明，大量益生菌在渥堆中先後出現，並使其代謝所產生的呼吸熱對堆溫及溼熱條件產生積極的影響。而充作培養基的普洱茶原料中的醣類、纖維素，給微生物提供了充足的碳源和氮源，同時促進了自身的酵解與轉化，為普洱茶滋味的改善打下基礎。

普洱茶渥堆中微生物種類及數量

單位：個

工序	黑曲黴 (Aspergillus Niger)	棒曲黴 (Aspergillus Clauatus)	根黴 (Rhizopus Chinehsis)	灰綠曲黴 (Aspergillus Glaucus)	乳酸菌 (Loctobacillus Thermophilus)
原料					
二翻 （渥堆14日）	8×10^6			2.5×10^6	
三翻 （渥堆22日）	7.5×10^5	1×10^5	1×10^4		
四翻 （渥堆28日）	4.5×10^5			2×10^5	2.5×10^6
出堆製品	1×10^4	1×10^4	0.3×10^4	3×10^4	

六、切油化脂保健原理

　　清代趙學敏在《本草綱目拾遺》中說：「普洱茶膏黑如漆，醒酒第一；綠色者更佳，消食化痰，清胃生津，功力尤大也。」流行病學透過動物實驗、臨床驗證等方法，對普洱茶的降脂、減肥、預防糖尿病、攝護腺肥大以及抗菌消炎的功能進行調查。日本自然療法醫學專家飯野節夫、增山一郎教授等在臨床實踐基礎上創立了「普洱茶健康活用法」。法國國立健康和醫學研究所等機構的研究也證明了雲南普洱沱茶的降血脂、降血尿酸、調節膽固醇平衡、醒酒、減肥、促進代謝等功能。日本靜岡縣立大學富田勳、佐野等用普洱茶做小鼠防治高膽固血症實驗結果表明，無論儲存2年或是20年的普洱茶，在6～8週後有關指標均顯著下降。

　　西南大學茶葉研究所與中國人民解放軍301醫院、第三軍醫大學等醫學機構合作，對普洱茶多醣降脂作用、老年性高膽固醇血症治療作用及其安全性等進行了較深入研究，取得重大進展。如對普洱茶急性毒性（LD_{50}）實驗表明，普洱茶的急性毒性為每公斤體重9.7～12.2克，比對照的烘青綠茶的急性毒性（每公斤體重7.5克）還小，根據世界衛生組織推薦的毒理學標準，屬於安全無毒範圍。

第六節

花茶「沁人心脾」之道

> 有詩曰：「潔白清香玉無瑕，夜半吐蕾暗香發。碧潭飄雪人人愛，茉莉花茶進萬家。」

花茶窨製是利用鮮花吐香和茶坯吸香，形成特有品質的過程。其基本原理是把鮮花和茶坯拼和，在一定條件下，利用鮮花吐香的散發特性和茶坯納香的吸附性，達到茶引花香、增益茶味的目的。花茶窨製不僅要研究茶坯的吸附作用，還要研究鮮花吐香規律。

一、茶葉的吸附作用

固體表面的吸附作用，就其作用的本質，可以分為物理吸附和化學吸附。物理吸附多在低溫條件下發生，其吸附熱量速度快，吸附物質與表面之間的作用力很小，不需要顯著的活性能。另外，物理吸附可以在任何表面上發生而沒有選擇性。化學吸附放出的熱量比物理吸附多。在吸附劑表面和被吸附分子之間建立了較強的化學鍵，類似表面化學反應。在大多數時間，低溫時化學吸附速度慢，隨著溫度的升高，吸附速度增加。化

學吸附是一個需要活性能的過程且有其選擇性。

　　茶葉是一種組織結構疏鬆而多孔隙的物質，從表面到內部有許多毛細管孔隙，構成各種孔隙的各個表面。從表面上看，茶葉的表面面積不大，但從微觀上看，許許多多孔隙管道內壁的表面積累加起來，比肉眼直觀所見的茶葉表面面積大許多倍。這就決定了茶葉具有很強的吸附性。

　　此外，茶葉含有烯萜類、棕櫚酸等吸附性能很強的物質，能有效地吸附香氣，是一種良好的定香劑，可以使芳香物質不致很快揮發。

　　茶葉的吸附作用主要是物理吸附，能吸附任何氣體，且對被吸附物質無選擇性。同時，這種吸附作用是可逆的，在一定條件下能夠把所吸附的物質逸出（即「解吸」）。

　　茶葉的吸附作用大致可分為三個過程。外擴散：吸附質氣體、揮發性芳香油物質和水蒸氣向茶葉表面的擴散；內擴散：吸附質氣體沿著茶葉的孔隙深入至吸附表面（孔隙內表面，或稱孔表面）的擴散；茶葉孔內表面的吸附：一般來說，吸附作用的最後一個過程是很快的。

　　在茶葉加工或儲藏過程中，茶葉吸附空氣中的水蒸氣或異味，就會使茶葉含水量增加或沾染異味；茶葉與香花混合，就會吸附花香而成花茶。

桂花紅茶

二、窨茶香花吐香規律

所謂窨茶香花之香，是香花內含有的芳香油揮發出來的馥郁芬芳的香氣。花茶加工就是將茶、花拼和，利用茶葉的吸附性與鮮花吐香的特性，使茶葉吸附花香而達到增益茶味的目的。

芳香油在香花內存在的狀態、性質各不相同，因此，各種鮮花吐香的習性也不同。如茉莉花的吐香與鮮花的生命活動密切相關，而白蘭、珠蘭、玳玳等香花的吐香主要依賴於溫度。加工花茶，必須掌握好香花吐香的規律，採取有效措施，創造有利條件，促進香花吐香，充分利用花香，提高花茶品質。

茶用香花的種類，按其香精油揮發的特性來分，大體可分為氣質花和體質花兩類。

茉莉花屬氣質花。其香精油物質是以糖苷類的形態存在。隨著花蕾的成熟、開放，經過酶的催化，其氧化和糖苷水解成芳香油和葡萄糖，葡萄糖氧化分解成水和二氧化碳，並放出熱量，促進芳香油的形成和揮發。茉莉花蕾離體後，花蕾逐漸開放，並不斷吐香。因此，在茉莉花採收、運送過程中，要防止機械損傷，以保持新鮮度；進廠後，必須做好維護處理工作，促使茉莉花開放均勻一致、吐香濃烈。

茉莉花從開始吐香到吐香結束，延續14小時左右，但要有一定的外部條件，如適宜的空氣溫度、相對溼度和氣流速度。溫度以35～37℃為宜，在此範圍內，茉莉花開放得較快，開放率高而均勻，花色潔白，香氣濃烈；35℃以下開放遲緩；37℃以上開放較差。相對溼度超過90%時難以吐香，低於70%則開放遲緩。氣流凝滯時，氧氣不足，對茉莉花吐香不利。但若氣流過快，茉莉花水分蒸發過快，將延遲開放吐香。香花苷類等內含物是形成芳香油的基質，在外界溫度條件的控制下發生變化。當外界溫度較高時，酶的活性加強，苷類被水解為

香精油和葡萄糖。葡萄糖氧化後分解成水和二氧化碳並放出熱量，使香花周圍溫度上升，在一定範圍內（45℃以下）不斷促進香精油的形成和揮發，直至香花凋謝為止。為了保持香花的正常開放和吐香，對溫度的控制最為重要。茉莉花進廠後，若溫度高，應降低室溫，並採取攤花措施降低花溫；若溫度低，就要提高室溫，並採取堆、蓋措施來提高花溫，促進花開放得勻齊。

　　白蘭、珠蘭、玳玳花等屬體質花。其香精油物質以游離狀態存在於花瓣中，其揮發與香花生理活動關係不大，不需要像氣質花那樣採取促進開放的措施。影響吐香的外部條件主要是溫度。溫度越高，芳香物質擴散的速度越快，揮發得也越快。如白蘭花在切軋或折瓣後，芳香物質很快揮發出來，所以要採取邊軋邊窨的技術措施，讓茶坯迅速吸附花香，防止香氣損失。玳玳花則採取加溫熱窨，利用較高溫度使香精油揮發。

　　體質花在處理中，主要是保持香花的新鮮度。因此，香花進廠後，要迅速薄攤，防止發燒。帶有表面水的香花，更應薄攤，散失表面水後才能付窨。如果體質花已經開放，香氣就較差，但仍可窨製花茶。

三、窨茶香花的主要種類

1.茉莉花

　　木樨科，茉莉屬。花瓣白色，主要有單瓣茉莉、雙瓣茉莉和多瓣茉莉三種。香氣清高芬芳，花色潔白，窨製花茶品質優良，深受歡迎。茉莉花期較長，全年分為三期：第一期自小滿後數天起到夏至，此間所開的花叫春花，又因正值梅雨季節，也叫梅花。這期花身骨輕而軟，香氣欠高，花量不多，品質較差。第二期自小暑至處暑，這段時期正值伏天，因而所產之花叫伏花。由於氣候炎熱，少雨，花重香高，品質最好，產量高，占全年總產量的60%～70%。第三期自白露至秋分，所產之花稱秋花，產量和品質均次於伏花。

2. 白蘭花

也稱玉蘭。木蘭科，白蘭屬。花白色，花瓣狹長而厚，呈九片三輪排列。香氣高濃。窨花用量較少。花期最長，在中國南方地區，幾乎終年不絕，是其他香花所不及。一般開花期為4—11月。以5—6月的花品質最好，8—9月的花香氣較低。品質標準：正花，要求朵朵成熟，朵大飽滿，花瓣肥厚，色澤乳白鮮潤，香氣鮮濃，花蒂短，無萼片、枯葉等夾雜物，當天早晨採摘。

3. 珠蘭花

又稱珍珠蘭、魚子蘭。金粟蘭科，金粟蘭屬。花苞小粒，色黃綠，開花後逐漸變成金黃色，為穗狀花序。香氣清雅而持久。花期因地區而異，在安徽歙縣，大致在5—8月；在福建福州一帶，為4—8月。花性嬌弱，管理工作難度較大。品質標準：正花，要求花穗生長成熟，花粒飽滿豐潤，色澤綠黃，香氣清雅鮮濃，花枝短，無花葉及其他夾雜物，當天中午前採摘；次花，花穗未充分成熟，花粒小，色澤青黃，香氣較低淡，花粒開放或脫落。

4. 玳玳花

芸香科，柑橘屬。花白色，香氣濃烈。既可用來窨製花茶，也可烘乾與茶葉一起沖泡飲用。花性溫和，可以祛寒，既是一種茶用香花，又是一種暖胃劑。清明前後開放，花期一個月左右，幾乎集中在4月上旬。品質標準：正花，要求朵朵成熟，大小均勻，色澤潔白鮮潤，香氣鮮濃，無枝葉、花果等夾雜物，當天採摘；次花，花朵未充分成熟，大小不勻以及雨淫花、未開花、隔夜花和其他品質較差的花。

四、茉莉花茶窨製工藝

茉莉花茶的傳統加工工藝較為複雜，其工藝流程包括茶坯處理、鮮花處理、茶花拼合、靜置窨花、通花、續窨、起花、烘焙、新窨、提花、匀

堆、裝箱等十餘道工序。

1.茶坯處理

窨製花茶的茶坯在窨前必須進行處理，目的是控制茶坯的水分與溫度，以適應窨製的工藝要求，提高茶坯的吸香能力並促進香花香氣的揮發。

茶坯處理主要是複火乾燥和攤涼降溫。複火採用烘乾機，掌握高溫、快速、安全的烘焙原則。進口風溫120～130℃，攤葉厚2公分，採用快盤，歷時10分鐘，既可達到充分乾燥，又不損傷茶坯內質。複火切忌溫度過高，以免產生老火味或焦味。烘後茶坯含水率控制在3.5%～5.0%，高級茶坯窨次多，茶坯含水率要求較低，控制在3.5%～4.0%；中級茶坯窨次較少，茶坯含水率可略高，掌握在4.0%～4.5%；低級茶坯只窨一次，含水率以4.5%～5%為宜。

複火後坯溫可高達80～90℃，不能立即窨花。因為高溫會損害香花的生機，使其降低或喪失吐香能力，產生不良氣味，使花茶品質劣變。複火後要立即充分攤晾，否則有損香氣的鮮靈度。

2.鮮花處理

窨製茉莉花茶的鮮花主要是茉莉花，也有以少量白蘭鮮花打底的。

茉莉花對環境條件的變化十分敏感，高溫高溼或機械損傷都將使其生機衰退，喪失吐香能力。因此，對茉莉花的採運必須有嚴格的管理，在付窨前須對鮮葉做必要的處理。

茉莉花具有夜間開花的習性，因此，於當天下午2—5時採摘的花比較成熟，產量高，品質好。採花應選擇朵大、飽滿、潔白、當晚可開放的含苞待放的花蕾，帶萼採下，不帶莖梗。

茉莉花含水率極高，一般在80%以上，最高可達86%。花瓣細嫩而薄，損傷後極易變紅，採運時要特別小心，切勿擠壓。裝運採用透氣籮筐最佳，也可採用尼龍紗網，通氣良好，有利於熱量散發。

驗收進廠後，應及時攤花散熱，降低花溫，散發青氣與表面水，以保

持旺盛生機。攤花場所要求清潔、陰涼、通風。攤放時按品種、產地、品質、採摘時間分別攤放，厚度一般不超過10公分。

3.窨花拼和

窨花拼和，指把茉莉花與茶坯均勻拌和堆積，是影響窨製花茶品質的關鍵工序。

茶坯與茉莉花拼和應有一定比例（稱配花量）。花量過多，茶坯無法充分吸收，造成浪費；花量過少，花茶香氣不濃，品質不高。

茉莉花茶製作（盧燕　圖）

窨次與配花量視茶坯品質高低而定。一般高級茶窨次多，配花量大；低級茶窨次少，配花量小。如三窨一提一級茉莉烘青配花總量與茶坯量幾乎相等，而一窨一提中等茉莉烘青（每100公斤茶坯）配花量約為30公斤。近年來，花茶窨製提高配花量，有的名優綠茶配花量達到1：1，花茶成本大幅上升。

各窨次配花量，逐窨增加較逐窨減少的利用率高，花茶品質也較好。各窨次配花量無論從多到少或從少到多，茉莉花的減重率都是逐次減少，

即利用率逐窨降低。

為了提高茉莉花茶香氣濃度、改善香型，在窨花拼和前，一般先用白蘭花打底。即在茉莉花窨前，先窨以少量的白蘭花，使茶坯有了香氣的「底子」。但白蘭花用量要適當，若白蘭花用多了，則白蘭花香透露，香氣欠純（評茶術語稱「透蘭」）；白蘭花少了，則香氣欠濃，達不到要求。

茉莉花與茶坯拼和（劉波　圖）

4.通花散熱

把在窨的茶坯翻堆通氣，薄攤降溫，即通花散熱。窨花時因茉莉花呼吸作用產生的熱量不能充分散發，茶坯在吸收香氣的同時吸收了大量水分，構成適宜自動氧化的條件，坯溫不斷上升。這種溫度的升高，一方面促進花香進一步揮發，有利於茶坯的吸收；另一方面溫度超過一定限度，將加速茶坯內含物的轉化，加深茶湯和葉底的色澤，同時影響茉莉花吐香，降低花茶品質。因此，在窨花過程中，要適時及時進行通花散熱，充分供給新鮮空氣，使暫時處於萎縮狀態的香花恢復生機繼續吐香，

提高香氣的鮮靈度。通花方法是把在窨的茶堆散開攤涼，厚度約10公分，每隔10～15分鐘開溝翻動一次，約經30分鐘，使在窨品溫度降低到35～38℃，以散發窨堆內熱量和水悶氣，防止鮮花和茶坯變質，促進茶坯繼續吸香。

通花要適時。過早通花，茶味與花香不調和，而且香氣不純，甚至產生劣變氣味。通花散熱的溫度，應視茶坯品質掌握。高級茶坯通花散熱的溫度宜低，以保持高級品質；低級茶坯則相反，通花溫度宜高。一般高級茶以及名茶用箱窨，其目的也是使堆內溫度不致過高，以便獲得滋味可口、香氣鮮靈的品質。對比較粗老的、有煙味或老火味的茶坯來說，透過高溫溼熱作用，茶味會有所改善，如澀味減少，煙味減輕，醇味增加。

5. 收堆續窨

通花散熱後，當窨品溫度下降到35～38℃時，為使茶坯繼續吸收花香，須將所攤開的在窨品重新堆放在囤內或箱內，這個過程叫收堆續窨。收堆溫度不能低於30℃，否則不能更好地促進茉莉花繼續吐香和茶坯充分吸香，造成花茶香氣欠濃；但也不能過高，如高於38℃，會使續窨時茶堆溫度偏高，影響花茶的鮮靈度。

收堆續窨在囤內或箱內，靜置3～5小時，在窨品溫度又上升到40℃左右時，如茉莉花仍然鮮活，則應進行第二次通花散熱；如茉莉花大部分已萎蔫，花色由潔白變為微黃，香氣微弱，即可停止續窨。

6. 起花去渣

窨花後經過一段時間，花的香氣已大部分為茶坯吸收，花呈萎縮狀態直至死亡。這時如不及時起花，在水熱條件下，花會發酵、腐爛，影響花茶品質。因此，必須立即篩出花渣，這一工序稱為起花去渣。但也有的花渣留在茶葉內，沒有不良影響，如珠蘭花就不必起花，可隨茶葉一起上烘複火。

7. 複火乾燥

操作方法與茶坯複火基本相同。只是經窨花後的茶坯，在吸收香氣的同時，也吸收了大量的水分，含水率較窨前茶坯高。一般頭窨後，茶坯含

水量在16%～18%，同時還有一定的溫度，極易氧化變質，因此必須及時進行複火乾燥。頭窨複火的烘乾機溫度，一般掌握在110～130℃，二、三窨複火溫度掌握在110～120℃。複火後茶坯含水量應比窨花前增加0.5%～1.0%，二窨以上茶坯複火後的含水量，也要逐窨增加0.5%～1.0%，以免窨花時吸收的香氣，在複火乾燥時大量損失。

複火後，必須及時薄攤冷卻，為了保持香氣鮮純，不可「熱茶悶裝」。

8.提花拼和

所謂提花，就是用少量的茉莉花再窨一次，增強花茶的表面香氣，以提高花茶的鮮靈度。提花對茉莉花品質要求更高，如粒大而飽滿、花色潔白、非雨水花等。

提花拼和的操作與窨花拼和基本相同，只是配花量少，中途不需通花散熱。提花拼和入囤或箱後，經9～10小時，坯溫上升到40～42℃，花坯色澤呈黃褐色時，即可篩出花渣、包裝出廠。

提花後，為保持香氣鮮靈，一般不再進行複火。提花量計算公式為（以提花前每100公斤產品計算）：

$$提花量（公斤）= \frac{提花後產品規定含水率（\%）- 提花前茶坯含水率（\%）}{鮮花在提花過程中的減重率（\%）} \times 100$$

在提花過程中，茉莉花減重率約40%。

9.勻堆裝箱

經提花、起花後的成品茶，應及時勻堆。邊起花邊裝箱，雖可提高功效，但不經勻堆，成品含水量和香氣的分布不夠均勻，品質難以保證。勻堆還可把幾批含水量稍高或稍低的同級成品按比例拼配，使其符合出廠標準；取長補短，提高產品品質。當天起花、勻堆後的成品茶，最好做到當天過磅、裝箱，以免香氣散失和吸溼受潮。

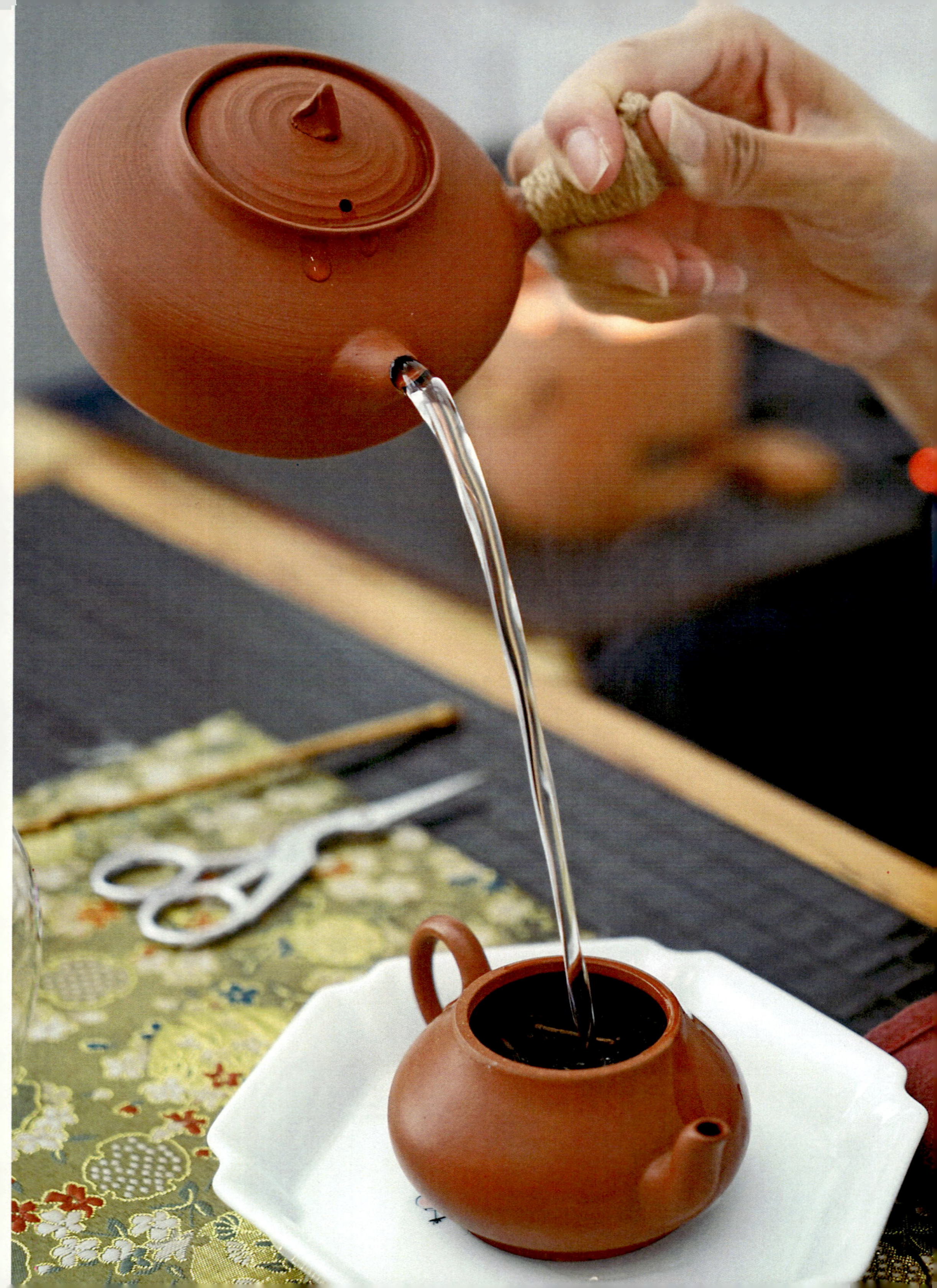

第三章 / 茶葉審評與品質管理

中國產茶歷史悠久,於漢代實現商品化生產,歷代都重視茶的品質鑑賞。唐代文學家白居易(772—846)任四川江州司馬時有詩《謝李六郎中寄新蜀茶》:「不寄他人先寄我,應緣我是別茶人。」、「別茶人」,就是評茶師的古稱。

第一節

茶葉審評原理與意義

    茶葉的審評由來已久，早在唐代，陸羽將當時的茶分為八等，指出「若皆言嘉及皆言不嘉者，鑑之上也」，即鑑評茶葉的準則是全面客觀地指出茶之優缺點。他又在《茶經・八之出》中評價各茶區茶葉品質之高下，如其中說道：「山南，以峽州上，襄州、荊州次，衡州下，金州、梁州又下。」茶葉審評與茶葉的加工、流通與鑑賞等方面息息相關，具有重要的意義與價值。

    茶葉鑑評是人們利用自身感覺器官（五官）對茶葉的形、色、香、味作出客觀評價的過程。評茶技術的高低首先取決於自身對茶特徵特性的了解；其次是長期評茶實踐練出的靈敏「五官」，包括敏銳的嗅覺、靈動的味覺、老練的觸覺、智慧的大腦，從而快速準確地對茶葉品質作出判斷。

    以嗅覺為例，如下圖所示，由人體鼻腔深處的嗅細胞接收茶香的刺激，由嗅神經把刺激信號直接傳到大腦的杏仁核、海馬體，經新皮質的嗅覺中樞將資訊與記憶中的氣味進行比對，以確認氣味性質和種類。相比經過視丘、新皮質才進入邊緣系統的視覺和聽覺，反應更快。

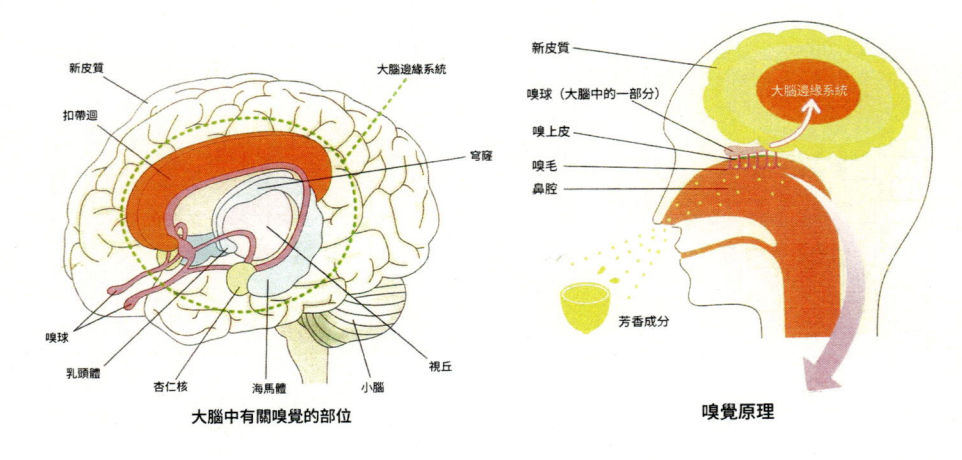

大腦構造及嗅覺原理
（圖引自〔日〕和田文緒《芳香療法教科書》）

在茶葉初製和精製過程中，按工序進行必要的審評，可以找出各項工藝技術的優缺點，及時加以改進，有助於提高毛茶和成品茶的品質。同時，根據鑑評結果，可以提出製茶改進意見，推動茶企加強品質管理，提高產品品質。

第二節

茶葉審評環境與裝備

　　古人曰:「工欲善其事,必先利其器。」若要進行客觀公正的鑑評,評茶人必須選擇一個無噪音和汙濁空氣干擾的室內環境,邀約三五同道中人一起使用一套規範的評茶工具,進行茶葉品質鑑評。

茶葉審評

1.室內環境

最好是專用評茶的場所。鑑評室與容易產生異味的化工廠房、廚房、洗手間等不宜靠得太近,以防異味汙染;最好設在樓上,以防茶樣受潮,以坐南向北為宜。室內寬敞、明亮,要求層高3公尺以上,牆面和天花板、門窗和儲茶櫃塗成白色或乳白色為宜。在窗戶外面上方裝置黑色遮光板,以免看茶時受太陽直射光線的影響。室內要求清潔、乾燥,保持空氣流通,避免煙、油、腥、臭、辣等異味進入。室內面積以30～50公尺^{2}為宜。為避免異香干擾,鑑評室周圍最好不要種植氣味濃烈的香花;評茶人也不要使用化妝品及香水,不吸菸。

2.鑑評工具

乾看評茶臺:設在北面窗口前,臺桌一般長1.6公尺,高1.0公尺。桌面以黑色為宜,以免光線反射刺眼,影響審評效果。

溼看評茶臺:設在乾看評茶臺後面,兩臺間隔1公尺左右。臺長1.8公尺,寬45公分,高92公分。臺面四邊框高5公分,左右各有一個缺口。臺面以白色為宜。

審評杯、碗:多為特製的白瓷杯、碗,有兩種規格。大的一種用於審評毛茶和邊銷茶,審評杯容量為260毫升,口徑8.5公分,高8.0公分,有蓋;審評碗容量為260毫升,口徑11.0公分,高6.0公分。小的一種用於審評成品茶,審評杯容量為150毫升,口徑6.2公分,高6.6公分,有蓋;審評碗容量為150毫升,口徑9.3公分,高5.3公分。

茶葉標準審評杯、碗(林燕萍 圖)

樣茶盤：用於看乾茶外形，有正方形和長方形兩種。正方形樣盤的規格是長、寬各23公分，邊高3公分；長方形樣盤的規格是長28公分，寬16公分，邊高3公分。均以白色為宜，有利判斷茶葉的色澤。樣茶盤的一角開一缺口，口徑上大下小，以便倒茶。以正方形為好，有利於茶樣篩選混合。

　　葉底盤：木質，黑色，開湯後審評葉底用。正方形，長、寬各10公分，高1.5公分。此外，還有長方形的白色琺瑯盤，長22公分，寬15公分，高4公分，比用木質葉底盤看葉底更清楚。

葉底盤（林燕萍　圖）

　　樣茶秤：精度為1%的普通天平秤茶較為方便。使用前需校正螺旋活動游碼，使指針正指「0」位刻度。為了秤茶方便，可不使用游碼，將3克砝碼放在左面的托盤內，右面的托盤放茶，這樣便於觀察天平的指針位置，提高評茶速度。

　　沙時計或定時脈：泡茶計時用。

　　茶匙：選用大小適中的白瓷湯匙，用以品嘗茶湯滋味。琺瑯、鍍鎳銅匙，因導熱太快而不適用。

　　網匙：用銅絲網製成，用於撈取茶湯中的茶末。

　　水壺：以304不鏽鋼質為好，無金屬味，銅質和鐵質的都有金屬味，不宜採用。目前普遍用電茶壺，既清潔又方便。

　　茶盅：設計尺寸要合適，過高不方便，過低則茶湯易溢出。

第三節

茶葉審評方法與技巧

隨著科技進步，採用物理方法（儀器）進行食品感官審評雖然快捷，但誤差較大。因此，由有經驗的專家採用感官鑑評，仍為全球普遍採用的評茶方法，具體分為乾看外形和溼看內質兩個步驟。不論乾看還是溼看，都要對照標準樣，審評外形和內質的各項品質因子，然後根據各項品質因子的審評結果，評定茶葉的優劣。

2010年香港國際名茶評比

一、審評茶葉品質的因子

分為外形和內質兩大項。紅茶、綠茶的外形因子有條索、嫩度、色澤和淨度四項，內質因子有葉底嫩度、色澤和茶湯香氣、滋味、顏色等項。紅茶、綠茶的成品茶外形因子中無嫩度而有整碎一項，內質因子與毛茶相同。花茶的內質因子有香氣的鮮靈度。邊銷成品茶的外形因子有形狀、緊度、色澤、含梗量等，內質因子有滋味、香氣、湯色、葉底等。

二、審評方法

乾看，將扡取的小樣倒入評茶盤上，數量150～200克，並把同等數量的標準樣倒入另一評茶盤中，初步評比外形因子。將評茶盤篩轉幾圈，使大小、輕重和整碎不同的茶葉在盤中分開，較大的和較輕的浮在上面，較細小的和較重的沉在下面。先看上層的面張茶，再撥開面張茶看中段茶，然後看底層的下身茶。再把評茶盤篩轉幾圈，用三指抓一撮茶葉撒在另一空盤中，觀察條索粗細鬆緊等情況。按外形各因子逐項與標準樣比較，作出外形審評的結論。

溼看，又叫開湯審評，即將按規定數量秤取的開湯樣茶和標準樣茶，分別倒入審評杯中，開水沖滿，加蓋浸泡3～5分鐘後，將茶湯倒入審評碗中，隨即將審評杯蓋好。審評時先揭蓋聞香氣，再看湯色、嘗滋味，然後將葉底倒在葉底盤上審評。按內質各因子逐項與標準樣對比，得出內質審評的結論。

名優綠茶審評

三、評定等級

綜合乾看和溼看的結論，根據權重分配打分（滿分為100分），評定茶葉的等級。

按照規定，對各類毛茶的品質審評，實行乾、溼兼看，外形、內質並重，綜合評定等級的辦法。對各類成品茶，如果外形和內質均高於或低於加工標準樣茶時，則作升級或降級評定，不符合各級加工標準樣茶品質者，不能出廠。

四、評茶實踐技巧

茶葉的感官鑑評，除了要嚴格遵循國家、地方和企業制訂的各種標準，評茶人員的實戰經驗與評茶技巧亦至關重要。

1.聞香

人的嗅覺雖很靈敏，但對嗅物容易產生嗅覺疲勞，因此，嗅覺的敏感時間是有限的。審評茶葉香氣，在冬天要快，在夏天3～4分鐘出湯後即應開始嗅香。最適合聞香的葉底溫度是45～55℃，超過60℃會感到燙鼻，低於30℃會覺得低沉，對有微量煙氣一類的異味就難以鑑別。嗅香最好持續2～3秒，不宜超過5秒或少於1秒。聞香時將杯蓋微啟，鼻孔接近杯沿吸氣。呼吸換氣不能讓肺內氣體進入杯中，以防異味或沖淡茶香。

2.看湯色

茶湯的色澤變化很快，特別是冬天評茶，隨著湯溫下降，湯色會明顯變深。在相同的溫度和時間內，紅茶色變大於綠茶，大葉種大於小葉種，新茶大於陳茶。如冬天看紅茶的湯色，因外界光線比夏天弱，以致茶湯的反射光也弱，容易把稍深看成深暗、稍淺看成紅明。因此，看湯色時還要根據不同季節的氣溫、光線等因素靈活掌握。

3. 嘗滋味

舌頭的不同部位對滋味的感覺是不同的，舌的中部對滋味的鮮爽度判斷最敏感，舌尖、舌根次之，舌根對苦味最敏感。在評茶時，應根據舌的生理特點，充分發揮其長處。同時，評滋味時，茶湯溫度、吞茶量、辨味時間以及嘴吸茶湯的速度、用力大小、舌的姿態等，都會影響審評滋味的結果。如評茶的茶湯溫度以35～45℃為宜，高於70℃會感到燙嘴；低於35℃則顯得遲鈍，感到苦澀味加重，濃度增高。茶湯量以每次4～6毫升最合適，多於8毫升會感到滿嘴是湯，難以辨味；少於3毫升又覺嘴空，不易辨別。這些都要在實踐中摸索經驗，以提高審評的準確性。

4. 看葉底

審評葉底嫩度時，要防止兩種錯覺：一是易把茶葉肥壯、節間長的某些品種特性誤認為粗老條；二是陳茶色澤暗，葉底不開展，與同等嫩度的新茶比較，也常把陳茶評為茶老。在評定紅茶時，對葉底的要求是次要的，有時可作為評定內質濃、強、鮮的參考。

5. 評外形

審評茶葉外形一般有兩種方法：一種是常用的篩選法，但受篩選技巧、時間、速度、用茶量和抓茶量等因素影響，容易產生誤差；另一種是直觀法，即把茶葉倒入樣盤內，再將茶樣徐徐倒入另一樣盤內，這樣來回傾倒2～3次，使上下層茶樣充分拌和，便能較準確地評定茶葉外形。

6. 對評茶者的要求

評茶者必須長期從事茶葉生產、加工、科學研究或教學工作，有較豐富的實踐經驗，嚴於律己，客觀公正。

評茶者應身體健康：嗅覺神經正常，無慢性鼻炎；視力正常，無色盲症；無慢性傳染病，如肺結核、肝炎等；無口臭。此外，還應忌菸、酒。

評茶者應熟悉有關評定優質產品的政策規定，了解茶葉銷售市場與飲茶者的習慣，能準確地評出產銷對路的優質產品，並對製茶技術提出切實可行的改進意見。

評茶者在審評時，要集中精力，細緻分析，反覆比較，力求準確，評語恰當。

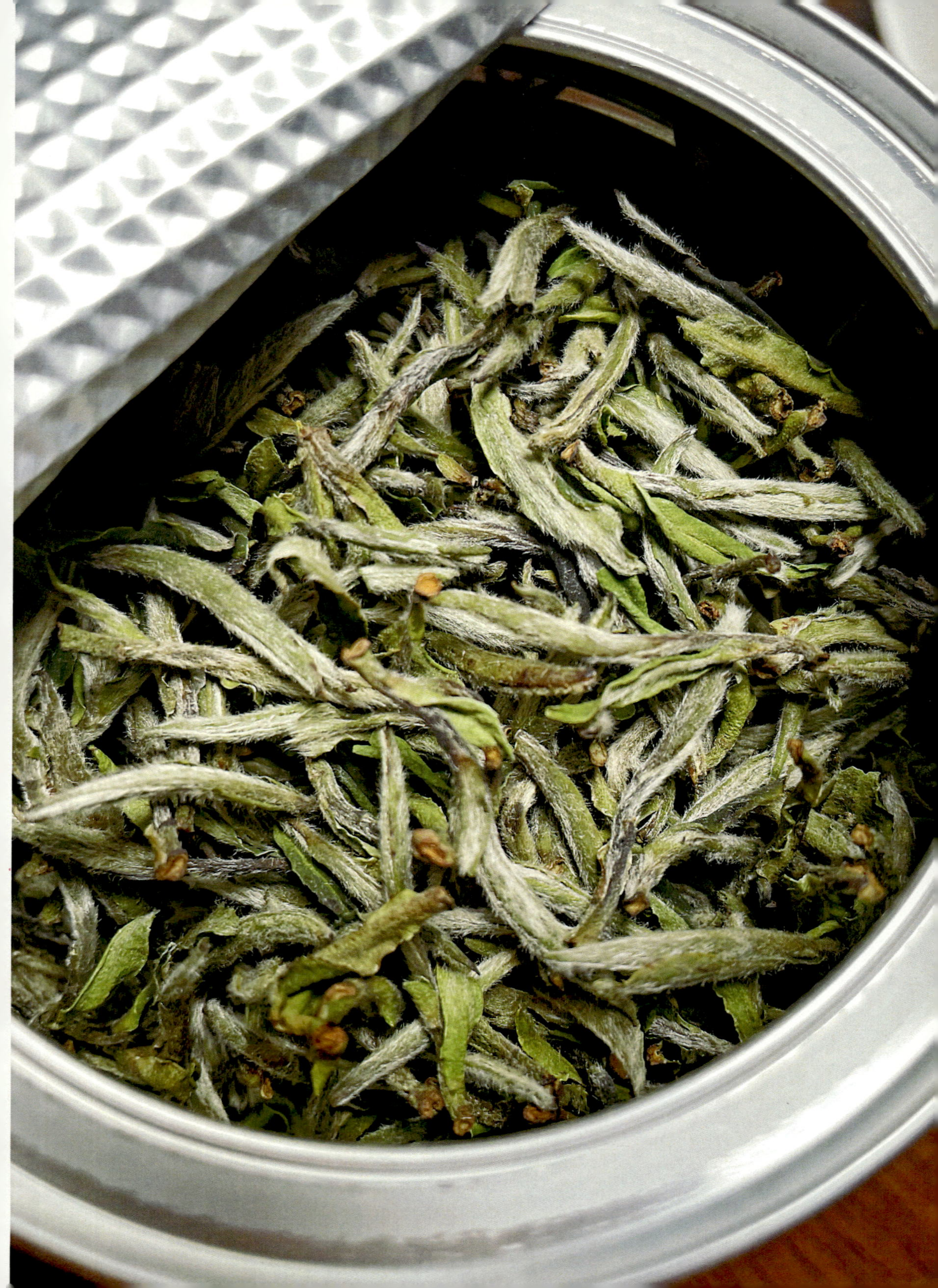

第四章 / 茶葉儲存理論與實踐

茶葉是一種乾燥、疏鬆、多孔隙物質，在常溫下不易儲存，容易受到光線、空氣、溫度和溼度的影響。

第一節

環境對茶葉品質的影響

一、光對茶葉品質的影響

光對茶葉品質的影響甚巨,它可以加速茶葉營養成分的分解,使茶葉發生色澤、外觀變質反應,主要表現在三個方面。

(一)維他命的光分解

維他命對光照(尤其是紫外線)敏感,表現為維他命B_2在水溶液中的光分解程度與pH的關係。如下表,維他命B_2的光分解程度隨pH的升高而增加。當維他命B_2與維他命C共存時,維他命C可抑制維他命B_2的光分解,而維他命C則因與維他命B_2共存而容易分解,如綠茶經日光曝晒後維他命C明顯減少,就是因維他命B_2促使維他命C的光分解。

維他命B_2在不同pH溶液中用人工光照30分鐘後的留存率

溶液(pH)	維他命B_2留存率(%)	溶液(pH)	維他命B_2留存率(%)
4.0	42	5.0	40
4.6	40	5.6	46

（續）

溶液（pH）	維他命 B_2 留存率（%）	溶液（pH）	維他命 B_2 留存率（%）
6.0	46	7.0	27
6.6	35	7.6	20

（二）光對胺基酸、蛋白質的影響

胺基酸中因光引起分解的是色胺酸，經日光曝晒後而變褐，經紫外光照射可生成丙胺酸、天門冬胺酸、羥基鄰胺基苯甲酸。另外，色胺酸、胱胺酸、甲硫胺酸、酪胺酸等與維他命 B_2 共存時，會引起光分解，但此光分解反應可在二氧化碳、氮氣環境中得到抑制。

蛋白質也可因日光、紫外光照射而變化。酪蛋白在熒光物質存在下經日光照射後，其中的色胺酸分解，使其營養價值下降；經紫外光照射，表面張力減小，這是與熱變性不同的一種蛋白質形態的變化。

普洱茶室內自然存放

（三）光照對茶葉的滲透規律

光照能促使茶葉內部發生一系列的變化，是因其具有很高的能量。在光照下，茶葉中對光敏感的成分能迅速吸收並轉換光能，從而激發內部化學反應。對光能吸收量愈多、移轉傳遞愈深，茶葉變質愈快。

綜上所述，茶葉乾燥後，應使用避光物料（如鋁箔、瓦楞紙箱、麻袋及複合薄膜）進行包裝，以妥善保存。

二、氧氣對茶葉品質的影響

大氣中的氧氣對茶葉營養成分有一定破壞作用。氧氣使茶葉中的不飽和脂肪酸發生氧化，這種氧化在低溫條件下也能進行。氧化產生的過氧化物，不但使茶葉失去飲用價值，而且會產生異味、有害物質。氧氣能使茶葉中的維他命和多種胺基酸失去營養價值，還能使茶葉發生褐變，茶色素褪色或變成褐色，大部分細菌由於氧氣的存在而繁殖生長，致使茶葉變質。茶葉因氧氣發生的品質變化程度與包裝及儲存環境中的氧分壓有關。

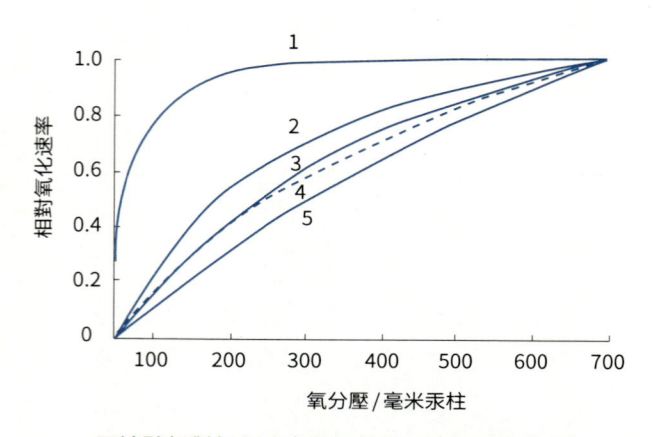

亞油酸相對氧化速率與氧分壓、接觸面積的關係
1.溫度為45°C，搖動樣品　2.溫度為37°C，接觸面積為12.6公分^2　3.溫度為57°C，接觸面積為12.6公分^2　4.溫度為37°C，接觸面積為3.2公分^2　5.溫度為37°C，接觸面積為0.515公分^2
注：1毫米汞柱=133.32帕。

由上圖可知，亞油酸的相對氧化速率隨氧分壓而變化，氧化速率隨氧分壓的提高而加快。氧分壓對不同茶類的氧化規律不完全相同。此外，氧化還與氧氣的接觸面積有關，圖中曲線2、4、5分別表示同一溫度條件下亞油酸與氧氣接觸面積不同而產生的氧化結果，在氧分壓和其他條件相同時，接觸面積越大，氧化速度越快。此外，氧化程度與茶葉所處環境的溫度、溼度和時間等因素也有關。

　　氧氣對茶鮮葉的作用屬於另一種情況。由於鮮葉在儲運、流通過程中仍在呼吸，以保持正常的代謝作用，故需要吸收一定數量的氧氣而放出一定量的二氧化碳和水，並消耗一部分營養。

　　茶葉包裝的主要目的，就是透過採用適當的包裝材料和一定的技術措施，防止茶葉中的有效成分因氧化而造成品質劣化或變質。

　　但是，氧氣在茶葉初製及品質形成中卻具有十分重要的作用，如紅茶、烏龍茶的「萎凋」及「發酵」，普洱茶的「渥堆」和「後發酵」，均與充足的供氧和促進氧化酶活化有密切關係，所以氧氣在茶葉製造和儲藏保鮮中發揮著完全不同的功能作用。

三、水分、空氣溼度對茶葉品質的影響

　　水是許多食品的基本組成成分之一，茶雖屬乾品，但都含有不同程度的水分，這部分水分是食品維持其固有性質所必需的。水分對質的影響很大，一方面，能促進微生物的繁殖，使其褐變反應和色素氧化；另一方面，可使一些茶葉發生某些物理變化，如因吸溼而失去香味等。

　　根據理化性質，茶葉中所含水分可分為結合水和自由水。結合水在細胞內與蛋白質、多醣等物質相結合，失去流動性，但組織細胞間和液泡所含水分是自由水，這部分水決定了微生物變質的程度，用水分活度表示。水分活度的物理學意義即物質所含自由水分子數的比值，水分活度可近似地表示為水蒸氣壓與相同體積溫度下純水的蒸氣壓之比，水分

含量與水分活度A_w的關係曲線如下圖所示。當含水量低於乾物質的50%時，水分含量的輕微變動即可引起A_w的極大變動。

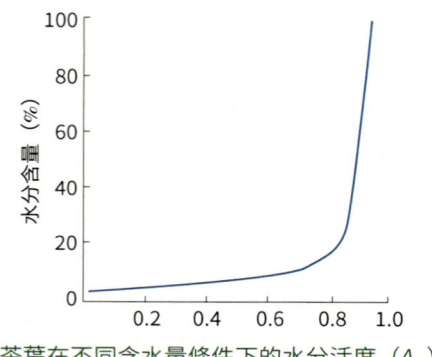

茶葉在不同含水量條件下的水分活度（A_w）

　　根據茶葉中所含水分的比例，各種茶葉的水分活度值範圍表明本身抵抗水分影響能力的大小。茶葉具有的水分活度值越低，越不易發生由水帶來的生化變化；但吸水性越強，對環境溼度的增大越敏感，故控制茶葉儲藏保鮮環境溼度是保證茶葉品質的關鍵。

四、溫度對儲存茶葉品質的影響

　　在適當的水分和供氧條件下，溫度對茶葉科學儲存的影響也很顯著。
　　一般說來，在一定溫度範圍內（如10～38℃），在恆定水分條件下，溫度每升高10℃，許多酶促和非酶促的化學反應速率加快1倍，其腐變反應速度將加快4～6倍。當然，溫度的升高還會破壞茶葉內部組織結構，嚴重影響其品質；過度受熱也會使茶葉中的蛋白質變性，破壞維他命C。
　　為了有效減緩溫度對茶葉品質的不良影響，現代茶葉倉儲採用冷藏技術和包裝保鮮低溫防護技術，可有效延長茶葉的保存期限。

第二節

常規茶葉儲存保鮮方法

　　茶葉儲存方式依其儲存空間溫度的不同，可分為常溫儲存和低溫儲存兩種。無論採取何種儲存方式，儲存空間的相對溼度應控制在50%以下，儲存期間茶葉水分含量保持在5%以下。

一、常溫儲存

　　常溫儲存時，儲存空間的溫度隨著氣溫而不斷變動。因此，要保持茶葉品質，尤其是色澤，以低溫儲存較為有效。但低溫儲存的成本較高，一般中下級茶葉或短期（一個月以內）儲存，以常溫儲存即可。

　　在中國茶史中，限於歷史生產力水準，大規模常溫儲存的茶葉花色品種極少，但民間少量儲存茶葉，使其在乾燥環境中自然緩慢氧化轉色，三五年後以「老茶」付之藥用者卻廣泛存在。如武夷岩茶、安徽安茶、福鼎白茶因芽葉粗壯，內含物豐富，較長時間（1～3年）保存後，其生理活性成分較充分氧化、降解，水溶性成分大幅增加，因而增強了某些疾病（如流感、腹瀉）預防功能。中醫便用作「引子」，用於疾病預防和輔助治療。但這種「老茶」對儲存條件要求很高，如環境溫溼

廣東現代化茶倉內景（陳文品　圖）

度，空氣流通條件，周邊不得有易污染氣體等。為了適應邊疆少數民族茶飲需要，中國目前在新疆、西藏也建有邊茶倉儲設施，保障邊疆茶葉長期穩定供應。

商品茶的規模化常溫儲存，始見於21世紀初的「普洱茶倉」，在香港、廣東、雲南及馬來西亞吉隆坡，都出現了一批商業化代儲倉庫，這些倉庫設施先進，規模宏大，代買代儲。當然，在銷區也有部分愛好者「建倉自儲」。

二、低溫儲放

低溫儲放時，茶葉儲存空間的溫度經常保持在5℃以下，即用冷藏庫儲存茶葉，一般消費者可以使用冰箱。冷藏儲存茶葉必須注意以下幾點：

（1）儲存期6個月以內者，冷藏溫度保持在0～5℃最為經濟有效；儲存期逾半年以上者以凍藏（–18～–10℃）為佳。

（2）原則上，應使用專用冷藏（凍）庫；若必須與其他食品共享冷藏（凍）庫，則茶葉入庫前必須妥善包裝完全密封，以免異味汙染。

（3）茶箱在冷藏（凍）庫的排列必須整齊，預留冷空氣庫內循環通道，達到冷卻效果。

（4）茶葉的傳熱係數很低，因此乾燥、烘焙、複炒後，須待餘熱散發後才可包裝入庫，以免茶葉入庫後因無法快速冷卻而致品質劣變。

（5）一次性購買的大量優質茶葉，宜先分裝（如二兩一罐），再收入冷藏（凍）庫，每次取一罐沖泡，不宜將大量茶葉反覆取出及放入冷藏（凍）庫。

（6）冷藏（凍）庫必須設有預備室，由庫內提取茶葉時，須待茶箱（罐）內茶溫回升至與氣溫相近，才可開箱（罐）取出茶葉，以免空氣中的水氣遇冷凝結，增加茶葉水分含量，使茶葉品質加速劣變。

綠茶、茉莉花茶較宜低溫儲存，溫度應控制在 $4\sim5℃$，相對溼度 $40\%\sim60\%$，且避光靜置。家用電冰箱儲茶必須密封除氧，箱溫 $2\sim4℃$。

第三節

城市普洱茶倉儲放試驗

抱著探索未知的科學態度，2007—2017年，我們選擇了中國五個不同氣候特點的都市進行了「普洱茶常溫儲存比較試驗」。將批量茶葉於2007年同一時間置於北京、上海、廣州、昆明、重慶的普通茶葉倉庫中常溫存放。十年後，即2017年，分別取樣進行感官審評和主要活性成分化學分析，結果表明：重慶、廣州、上海這些南方城市由於四季分明，氣溫高、溼度大，普洱餅茶湯色轉紅，滋味醇厚，陳香明顯，沖泡次數增加；而地處高原的昆明和北京則由於乾燥、冷涼，效果較差，品質轉化緩慢。試驗表明，常溫儲茶必須考慮茶葉種類、儲地氣候、倉儲環境及資金承受力等多種因素，不可輕率為之。目前中國南方部分地區竭力鼓吹的「家庭儲茶」，並無推廣的必要和實施條件。

感官鑑評結果表明，五城市儲樣的得分均高於對照樣和散茶，而南方重慶、廣州的變化尤為顯著；水浸出物含量、茶色素、兒茶素及沒食子酸等主要活性成分的轉化率，重慶與廣州均高於北京和昆明，說明高溫高溼、四季變化分明的重慶與廣州比較適合常溫儲放普洱茶。

A. 感官品質比較

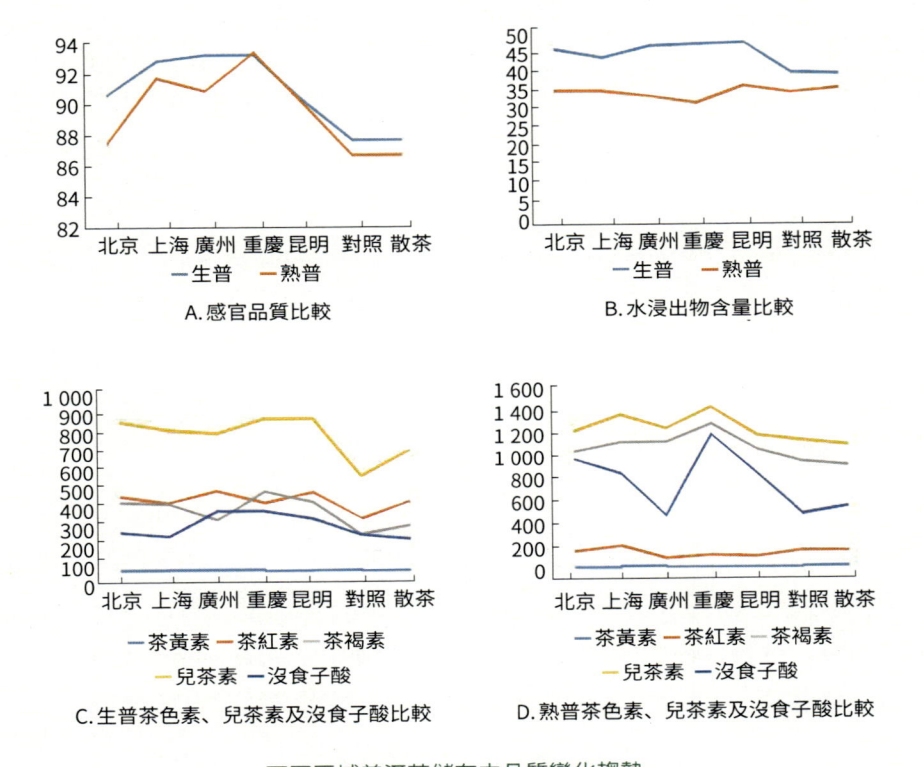

B. 水浸出物含量比較

C. 生普茶色素、兒茶素及沒食子酸比較

D. 熟普茶色素、兒茶素及沒食子酸比較

不同區域普洱茶儲存中品質變化趨勢

第四節

質疑「越陳越香」

　　現代食品學認為，任何食品投放市場後都有「保存期限」，即食品安全食用期，有的還有「最佳賞味期」的標識，以保障人們食（飲）後的身體健康。中國各種茶葉都有「保存期限」規定，紅茶、綠茶均為18個月。但對普洱茶，因其在一定時間範圍內，經科學儲放後，口感可進一步得到改善，故有「可長期存放」的說法。雲南農業大學李家華等著《普洱茶一年一味》一書，專談普洱茶儲存中年分與茶葉生化成分及感官品質的關係，並列舉了2006—2015年普洱茶品質得到改善的數據。

　　長期從事茶葉感官審評的實踐經驗告訴我們：茶葉的香氣，如清香、花香、木香、果實香以及糖香等，其判斷在於茶葉沖泡後不同溫度下盛茶器具表面（如杯蓋、杯底、葉底等）所反映出來的氣味，在無其他異味干擾的環境裡，由經驗者憑嗅覺進行判斷和鑑賞，從而對香氣性質、濃度以及持久性得出可靠的結論。

　　總而言之，普洱茶同其他任何茶葉一樣，其香味也是客觀存在的，而且是一種使人感官愉悅的客觀存在。只不過由於人們個體差異和品飲積累經驗的多寡，對它的辨識、判斷及描述的準確性存在著某種細微的差別而已。

普洱茶陳香雋永、醇厚甘滑品質的形成，除了得益於茶樹生長發育的自然環境和茶農們的精心種採管制工藝，還與其在「茶馬古道」上人背馬馱、長途跋涉的滄桑歷史經歷有關，對普洱茶「後發酵」中色、香、味的形成產生了關鍵影響。簡言之，普洱茶的獨特品質在於它處於不同的時空境界之中，其變化是客觀存在的。用茶葉審評的專業術語綜述普洱茶共同品質特點，即原料芽葉肥壯顯毫，色澤褐奶油潤；外形獨具特色（餅、磚、沱），成品配料勻整考究；香氣陳香雋永，滋味醇厚甘滑，湯色深紅明亮，葉底肥嫩柔軟。

四川雅安藏茶　　陝西涇陽茯茶　　雲南普洱餅茶　　雲南下關沱茶

　　消費者由於個體差異及理念、嗜好的不同，對茶葉品質有不同感悟，這應當是很正常的事。筆者認為，普洱茶之所以受到人們的推崇，恐怕不是什麼「越陳越香」、「無味之味」，而是高海拔的雲南大葉種豐富的多酚類及醣類物質在品質形成過程中緩慢氧化縮合和降解形成醇爽回甘、揮之不去的口感綜合作用的結果，加之咖啡因等嘌呤類化合物適當的配合、對中樞神經的作用，讓人們印象深刻。

　　應該說，人們對茶葉色、香、味的認識，完全來源於自身的味覺和嗅覺細胞感受到的香味刺激，絕不是虛無縹緲的幻覺。

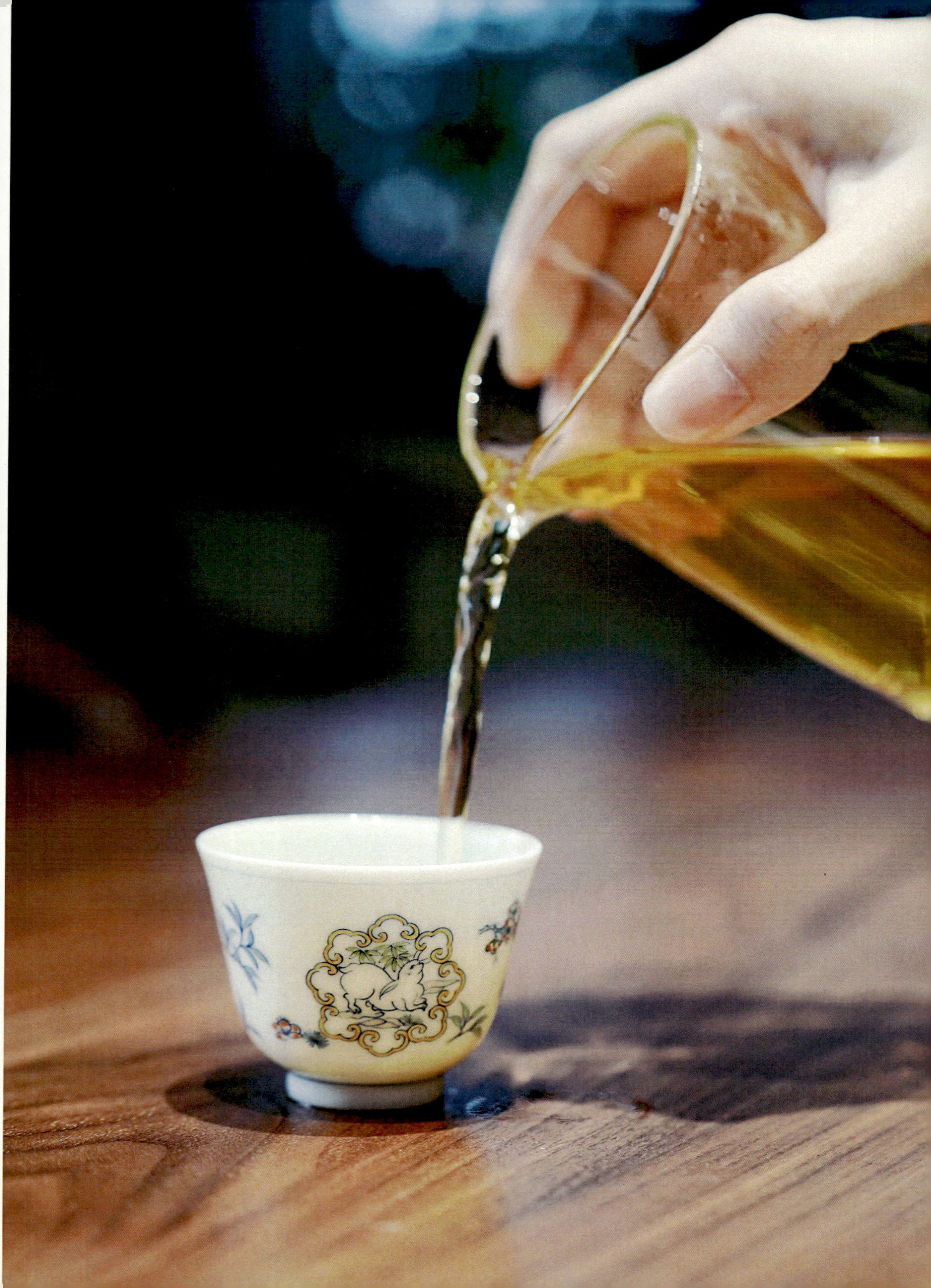

第五章 / 茶的品飲與鑑賞

真正懂得飲茶樂趣的人,對於飲茶環境(茗友、時間、地點)十分在意,對茶器、水品、茶品及烹茶技巧均尤為考究。正如張源《茶錄》所云:「造時精,藏時燥,泡時潔;精、燥、潔,茶道盡矣。」即為了達到品茗目的,必須精細沖泡,直至飲用。

第一節

從「吃茶」到「品茗」

巴人發現茶的飲用價值後，不僅把茶樹移入園中實現了人工栽培，還發明了炒製焙烤的製茶法，把「苦茶」變成了「香茗」，把「吃茶」之俗事變成「品茗」之雅集。中國民間稱「飲茶」為「吃茶」，無論南北均是如此。巴蜀人最早利用茶是以食用和藥用為目的，把茶作為日常飲品並普及到民間，是漢唐以後的事。據明末清初思想家顧炎武（1613—1682）所撰《日知錄》記載：「秦人入蜀，始知有茗飲之事。」後來，隨著生活水準提高，講究生活品味的人開始對這種熬湯煮水的清茶不滿足了。熬湯之後，加上不同的調料——加鹽、加薑、加花椒，茶湯如同中藥，雖然不甚清雅，但也勝過淡而無味了。

直到這時，人們才知道茶不僅解渴，還可以品飲。所以，茶聖陸羽嘲笑早期人們喝茶，就是喝煮爛的「陽溝水」。當飲茶成為人們休閒生活方式之一時，茶開始進入「品飲」時代。

生活富裕、講究生活品味的人喜歡飲茶，他們在疏星朗月之下，書窗殘雪之前，沐風賞景，品茶賦詩，醉人的茶香沁人肺腑，令人心曠神怡。有趣的是，在一些文人的眼中，品茶這種雅趣，只可在心裡品味，不可與俗人道來。唐代詩人白居易喜歡茶，曾作詩：「暖床斜臥日曛腰，一覺閒

眠百病銷。盡日一餐茶兩碗，更無所要到明朝。」茶的利用，分飲茶和品茗，南、北方人在飲茶習慣上有所不同。唐代封演說：「茶，早採者為茶，晚採者為茗。《本草》云：『止渴，令人不眠。』南人好飲之，北人初不多飲。」

　　唐玄宗時，泰山靈岩寺僧人學禪，開始飲茶。人們爭相仿效，煮飲品茗，遂成風俗。晚唐詩人盧仝（795—835）在煮飲了諫議大夫孟簡餽贈的江南新茶後，作《走筆謝孟諫議寄新茶》一詩，在嘆息山中茶農艱辛的同時抒發了飲茶的心理感悟，膾炙人口的「七碗茶歌」從此問世。「一碗喉吻潤，兩碗破孤悶。三碗搜枯腸，惟有文字五千卷。四碗發輕汗，平生不平事，盡向毛孔散。五碗肌骨清，六碗通仙靈。七碗吃不得也，惟覺兩腋習習清風生。」喝茶至七碗時，飲茶使腦垂體多巴胺激發萬千遐想，大腦中浮現種種意境，翱翔於萬里天空。

　　宋徽宗趙佶（1082—1135）把中國飲茶文化推向高峰。其時，福建閩北建溪（建甌、建陽及武夷山）一帶茶業崛起。由於氣候變遷，江浙氣溫變冷，中唐開始的「清明宴」必備新茶無法採製，「貢茶院」從浙江湖州遷到建州建甌及武夷山一帶，福建「鬥茶」之風逐漸興起。當時，宋徽宗將各地進貢的品質最好的茶葉確定為貢品。宋人飲茶，以團茶為主。進貢宮廷的是龍鳳團茶，品質卓越，茶味香濃，製作十分精細。

　　明太祖朱元璋對宋元「鬥茶」茶藝的「重勞民力」十分反感，於洪武二十四年（1391）下詔「罷團興散」，罷廢龍團鳳餅茶製法。散葉的炒青綠茶、發酵茶及窨花茶逐漸走向民間。金陵（南京）、開封、京師及南方產茶諸地區推崇散飲的「瀹茶法」大行其道，民間茶肆、茶樓、茶館應運而生。瀹茶與點茶的最大不同，是將茶葉直接用沸水沖泡，大大簡化了飲茶程序。

　　明末學者高濂撰《飲饌服食箋》，列茶具十六器，認為泉水是品茶的最佳之選。品茶以人少為貴，人多則喧，不宜品嘗。所以明人崇尚獨酌，人數不同，有不同的品茶之境：獨啜曰神，二客曰勝，三四曰趣，五六曰

泛。依據明代張源《茶錄》、許次紓《茶疏》等的記載，明代泡茶程序為備器、擇水、取火、候湯、泡茶、分茶、品茶等。

入清以後，福建武夷岩茶漸興，發展出用小壺小杯沖泡品飲烏龍茶的工夫茶藝。清代袁枚《隨園食單》「武夷茶」詳細描述了武夷茶沖泡品飲的方式，「杯小如胡桃，壺小如香櫞。上口不忍遽嚥，先嗅其香，再試其味，徐徐咀嚼而體貼之」。

清代亦盛行直接投茶入杯盞（蓋碗），注沸水後直接品飲的瀹泡法，並流傳至今。

品茗杯（楊建慧　圖）

清末南京民間飲茶（1915年郵政明信片，劉波　圖）

第二節

煮茶辨水論山泉

「器為茶之父，水為茶之母。」中國茶道、民間茶藝均注重烹茶用水之選擇。陸羽《茶經》「五之煮」中寫道：「其水，用山水上，江水中，井水下。」張大復《梅花草堂筆談》：「茶性必發於水，八分之茶遇水十分，茶亦十分矣。八分之水試茶十分，茶只八分耳。」古人對烹茶用水的要求是清、輕、甘、活、冽、潔，現代茶飲也要求水質要清潔、軟、甘甜、鮮活、凜冽、潔淨，這說明古今烹茶對水的要求是一脈相承的。甘，即純淨無雜質，回味甘甜；活，即源頭活水；冽，即水溫低，無細菌等微生物，如古人喜用雪水、冰水烹茶；潔，即潔淨無汙染。如今泡茶用水，以泉水為上，純淨水次之，自來水較差。

武夷山泉水

元代趙原《陸羽烹茶圖》

中國地大物博，適宜烹茶用水的知名泠泉有百餘處，其中被稱頌為天下第一泉的有以下幾處：

天下第一泉　江西廬山康王谷水簾水，被陸羽譽為天下第一泉。廬山有馳名海內外的廬山雲霧茶，「雲霧茶葉古簾泉」被茶人頌為珠璧之美。

揚子江心第一泉　江蘇鎮江中泠泉，即揚子江南零水，又稱中零水，位於鎮江市金山寺以西的石彈山下。古時中泠泉處於長江波濤之中，取汲不易，故陸游有「銅瓶愁汲中泠水」，蘇東坡有「中泠南畔石盤陀，古來出沒隨濤波」的詩句。

乾隆御賜第一泉　北京玉泉，位於頤和園西側的玉泉山南麓，因「水清而碧，澄潔似玉」故稱。明永樂帝

北京玉泉
（1920年郵政明信片，劉波　圖）

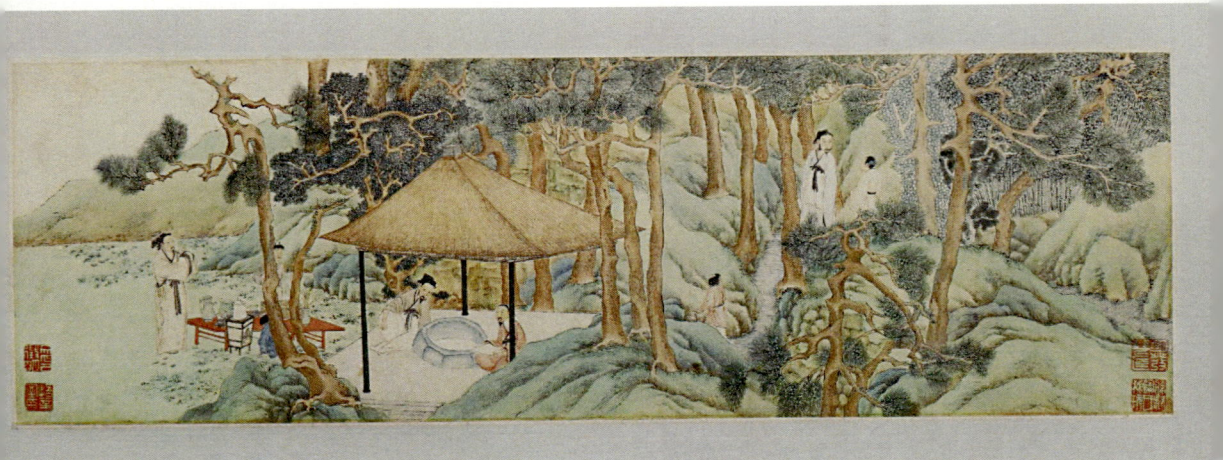

明代文徵明《惠山茶會圖》

遷都北京後，把玉泉定為宮廷用水，並沿襲至清代。乾隆帝喜鑑茶品泉，命人特製銀斗精秤各地名泉重量，因北京玉泉山的泉水水質最輕，故欽定其為「天下第一泉」，並作《玉泉山天下第一泉記》一文刻石銘記。

大明湖第一泉　濟南趵突泉位於舊城區西南，分三眼從地底噴湧而出，勢如騰沸。趵突泉名傳千古，留下許多讚詠佳句，如元代趙孟頫所詠「雲霧潤蒸華不注，波濤聲震大明湖」，宋代曾鞏讚詠「潤澤春茶味更真」。趵突泉得名「天下第一泉」，相傳是乾隆帝巡幸江南時，專車載運北京玉泉水供沿途飲用，途經濟南品飲趵突泉水，水味竟比玉泉水清冽甘美，遂改用趵突泉為南巡沿途飲用水，並賜「天下第一泉」。

峨眉「神水」第一泉　四川峨眉山玉液泉，又名甘泉，位於大峨寺旁的神水閣前，泉水自石壁冒出，清澈明亮，飲之如瓊漿玉液，故名。唐宋以來，蘇東坡、黃庭堅等文人墨客亦留下不少讚詠的詩句，認為用玉液泉水泡峨眉山茶是「二美合碧甌」，相得益彰。

此外，無錫惠山泉、蘇州觀音泉、杭州虎跑泉亦是天下名泉，為茶人鍾愛。

第五章　茶的品飲與鑑賞

第三節

飲茶器具的種類及鑑賞

漢唐以來，隨著飲茶由宮廷走向民間，茶器的適用性多為文人墨客所看重。唐代詩人皮日休（834—883）與陸龜蒙（？—約881）唱和《茶中雜詠》組詩中，有專門讚詠茶甌的一首：

> 邢客與越人，皆能造茲器。
> 圓似月魂墮，輕如雲魄起。
> 棗花勢旋眼，蘋沫香沾齒。
> 松下時一看，支公亦如此。

此詩讚頌了邢窯和越窯茶器潔白如玉、輕薄如雲，同時告訴人們品茶與賞器一樣，早在魏晉時已經開始。

茶具，古代亦稱茗器。最早記載見於西漢王褒的《僮約》。漢魏以前，食具、酒具、茶具常常通用，至兩晉、南北朝時，茶具從食器中逐漸分離出來。中唐以後，茶具開始快速發展，當時已形成了浙江的越窯、河北的邢窯等著名陶瓷產地。宋代在瓷質茶具的形制方面，由碗或甌改成盞（或稱盅），品茶喜用黑釉盞，因點茶浮沫以白為貴，福建建陽與武夷山兔毫

盞馳名中外。被視為日本國寶的「天目茶碗」，即為建盞之名品。

茶具演變，與不同時代的飲茶方式、品飲藝術和審美情趣關係密切。在生產和消費發展的同時，近現代茶具文化也相應發展起來。現代茶具更是種類繁多，異彩紛呈，其實用功能、藝術風格、歷史背景和文化內涵雖不盡相同，但茶具的根本用途在於方便飲用。有唐以來，飲茶方式由煮茶法演變為點茶、淪茶、泡茶諸法，茶具亦隨之而有所變化。如今之飲茶法，以工夫茶泡法為主，而工夫茶乃傳承明代煎茶法，明代煎茶法更是唐代末茶法的延續。正如清代俞蛟《潮嘉風月記》所載：「工夫茶烹治之法，本諸陸羽《茶經》，而器具更為精緻。」

現代茶具，常用者僅有十餘種，如茶壺、杯碗、茶海、聞香杯、品茗杯、茶荷、茶通、渣匙、茶盤、則容等。

建盞名品兔毫盞

1. 茶壺

茶壺以小為貴，小則香氣氤氳，大則易於散漫。若獨自斟，壺愈小愈佳。明代以來，在宋人點茶的基礎上，用宜興朱泥或紫砂製成小型陶壺，因其泥質優良，透氣性佳，可塑性好，壺身久泡溫潤如玉，迎合了中國人的玩玉心理，茶人遂有養壺之習俗，紫砂壺迅速傳布，以出江蘇宜興丁蜀鎮者馳名。著名製壺大師，明代有供春、時大彬，清代有陳鳴遠、楊彭年，現代有顧景舟、蔣蓉等。

紫砂壺

第五章　茶的品飲與鑑賞　109

2. 蓋碗（三才碗）

最早在西蜀一帶流行，傳說為唐代成都太守崔寧之女所發明。蓋碗共分為茶碗、碗蓋、茶托（亦稱茶船）三部分，多為陶瓷製成，尤以景瓷青花為貴。茶碗因敞口沖泡方便，亦可多用，茶托讓茶水不易濺出，且不燙手，頗受茶館、茶客之歡迎。成都茶樓稱之「三才碗」，以天、地、人喻之。

四川蓋碗茶泡茶絕技（表演者吳登芳）

3. 茶海（公道杯）

三人以上品茗時，茶壺和茶碗均不堪負荷，故以盅形茶海盛之。茶海可使沖泡各次的茶濃淡一致，供品茗者均衡享用，亦有沉澱茶渣的作用，避免葉底掉入品茗杯中。

4. 聞香杯

臺灣茶人於1970年代發明。1970年代初，臺灣外銷茶因島內需要上升而轉向內銷，香高味醇的「金萱」、「四季春」問世，茶藝館如雨後春筍般湧現。由於茗香令人陶醉，以敞口淺底茶杯盛茶，香氣易失，斂口而身

長的聞香杯應運而生，泡茶聞香蔚然成風。

5. 品茗杯

有玻璃、瓷、紫砂等質地，亦有大小之分，以利於聚香、觀色為佳。較受推崇者有若深杯，「其色白而潔，質輕而堅，持之不熱，香留甌底」（連橫《茗談》），工夫茶泡法常用。

6. 茶荷

從茶罐中取茶之器。鏟茶入荷，可供客人欣賞茶葉外觀；亦方便置茶於壺中，可防茶葉外落，也很衛生，脫去「手抓」之不雅陋習。

7. 茶通

鑑於小壺泡日趨流行，因壺口小，茶渣易塞流口，此時可用茶通打通流嘴，使之流暢。實則方便壺中水流而已，但此器用畢必須清洗乾淨，否則易生黴變或引入異味。

8. 渣匙

用於清理中式泡茶法茶事結束後滯留壺中的茶渣。渣匙雖小，但在茶事中卻不可或缺。若不及時清理，茶渣滯留壺中易致黴菌滋生。

此外，各種茶事尚有選用茶盤、茶車及各種插花、香道用具者，在此不予贅述。

第四節

近代各類品茗法

明代許次紓（1549—1604）《茶疏》一文將泡茶程序歸納為備器、擇水、取火、候湯、泡茶、斟茶、品茶等。一般用小壺、茶盅或蓋碗等泡法，工夫茶泡法在福建、廣東烏龍茶銷區尤甚。另外，冷泡法、泡茶機等時尚、方便的品茗方法開始流行。

一、小壺泡

備器：有茶爐、茶銚、茶壺、茶杯。

擇水、取火：同煮茶、點茶法。

候湯：泡茶時須使用沸騰的開水，即煮茶法所謂的三沸水。須以明火急煮，不宜慢火燜燒。

泡茶：待湯煮沸，取少許先入壺中溫壺，後傾出。量壺投茶，投茶量要適中。

斟茶：一壺通常配4～6隻杯子，斟茶時要均勻。

小壺泡（顏瑞銀　圖）

二、蓋碗泡

蓋碗茶泡茶法包括以下兩種形式：

一是以蓋碗泡茶兼品飲。將茶葉傾入碗內，水肉，浸泡，至適當濃度後，直接以蓋碗品飲茶湯。

二是以蓋碗作為泡茶具使用。將茶葉傾入碗內，水肉並將茶湯透過勻杯逐次倒入杯內。

以蓋碗代替茶壺時，不但可打開碗蓋觀看茶湯的濃度，置茶聞香，而且去渣、清洗時也比茶壺方便。

清粉彩過枝瓜蝶紋蓋碗（中國茶葉博物館　藏）

三、工夫泡

清中葉，隨著閩粵沿海城市商業繁榮，茶樓、茶館更加盛行。所謂潮汕工夫的烏龍茶「四寶」（或稱「若深四寶」），即用潮汕白泥風爐、玉書煨煮水器，孟臣罐（紫砂小壺）和底書「若深珍藏」的青花小茶杯四件茶器所用之泡茶法。當時不僅在中國東南沿海地區流行，還影響到東南亞泰國、

清道光《廈門志》中記載的「工夫茶」

置茶（楊建慧 圖）

馬來西亞、印度尼西亞及日本等地的飲茶風氣。日本「煎茶道」即受工夫茶泡茶法的影響。

沖泡工夫茶程序十分講究，大致可分為十道：

1. 環境

品茶要選擇清幽、潔淨、風景秀美的環境，避免人員喧譁、噪音四起。飲茶人數忌多，三四個人品茗最好，主客間均能以喜悅、平和、閒適及無拘束之心境來飲茶，盡享和、靜、怡、真之茶境。

2. 賞茶

賞茶是品飲者在泡茶前對茶葉的觀賞與鑑識。因為茶已入荷，觀看較為容易，但不宜觸摸茶葉。賞茶的內容有茶葉的發酵度、焙火及揉捻程度、老嫩、細碎等，有助於泡茶者對水溫、置茶量、浸泡時間、沖泡次數的掌控。

3. 溫壺及燙杯

溫壺目的是將壺溫熱，避免水溫被壺壁吸收而下降。將茶杯溫熱的工序稱為燙杯，熱水燙杯，是在置茶入壺之前，可利用這個機會判斷茶杯的容量，以便調整沖水量。

4. 置茶

置茶指把茶葉置入壺內。泡茶者

在品飲者賞茶結束並送回茶荷後，將茶倒入壺內，可一手持茶勺協助撥茶入壺。

5. 聞香

聞香是指欣賞乾茶香，而不是茶湯的香。借壺身的熱度將茶葉的香氣揮發出來，置茶後，蓋上壺蓋，即可欣賞壺內茶香。持壺聞香時，要用手蓋上壺蓋；茶葉香氣薄弱時，可按住壺蓋，用力震盪，促使茶香散發。

6. 沖泡

水肉時要注意水量，為了能將茶湯全部倒出，水肉半壺即可；若要沖滿，以九分為度。

7. 分茶

分茶指將泡好的茶分別入杯。即可持茶海將茶湯入杯，或直接將茶湯倒入杯內。不論用何器入杯，動作要有韻律感。

8. 奉茶

奉茶包括第一道端杯奉茶與第二道續水。在舒適的茶席上，大家坐著就可拿到杯子，泡茶人在原位請品飲者逐次端茶，不必離席。第二道以後，品飲者繼續使用原來的杯子，泡茶人將茶倒入品飲者的杯內。

9. 品飲

品飲者端杯時，小杯單手端起，大杯雙手端起，自然聞香，品飲，欣賞形、色、香、味，細斟慢品。

10. 淨具

淨具是泡完茶後將壺、杯清洗乾淨的工序。先用渣匙把茶渣從壺內清出。茶渣直接放入水盂內，盡可能清理乾淨。

清理完茶渣，先在壺外淋水，將壺表沖乾淨，接著在壺內水肉，繞圓圈使水在壺內旋轉，讓旋動的水將壺內細碎的茶渣一並帶出，倒至水盂內。品茗全程結束，主客間可聊作短暫交流，然後依次退席。

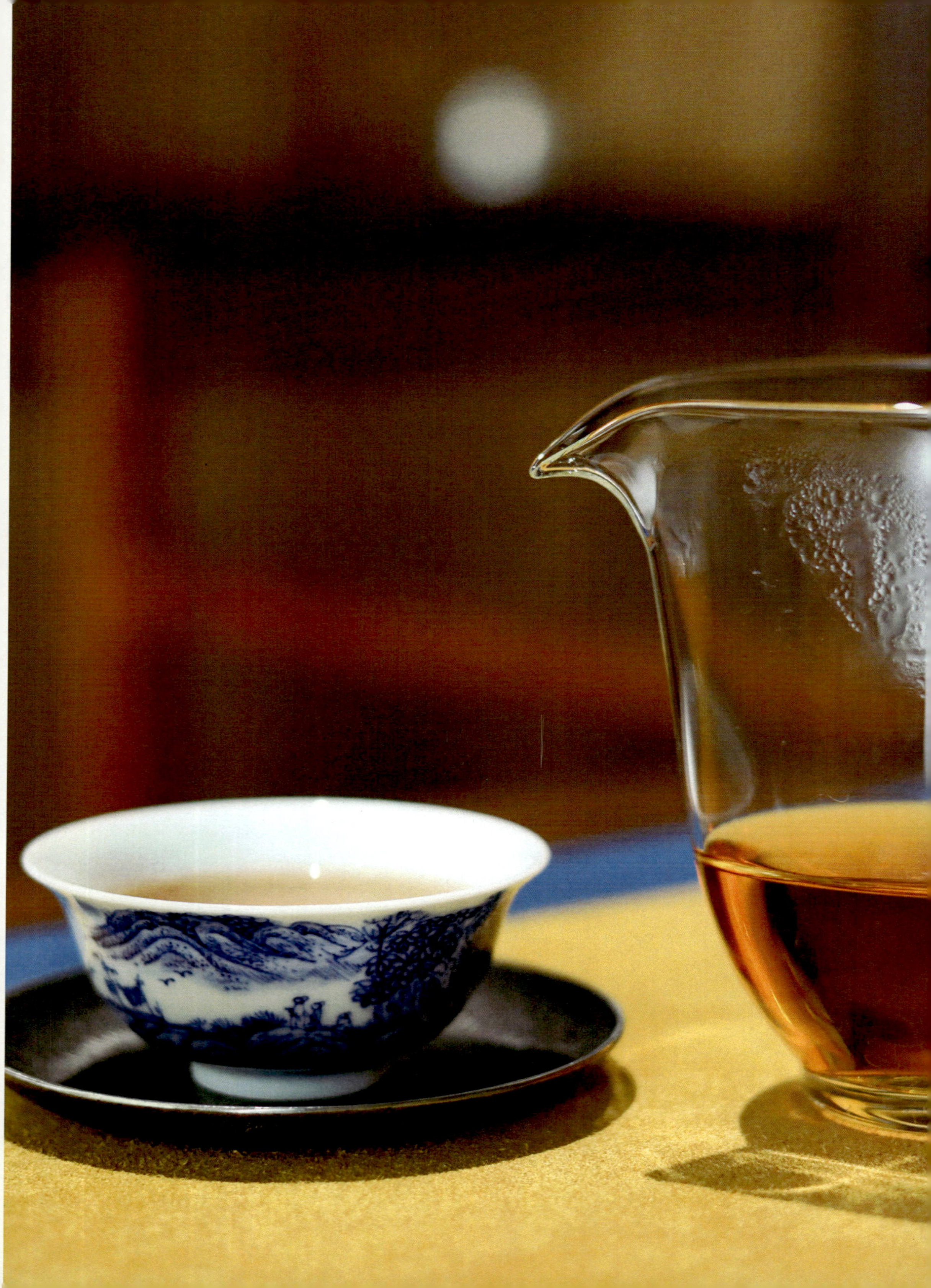

第六章 / 茶的保健作用

無論傳統醫學還是現代醫學，均一致認為茶既是一種生津止渴飲料，又是一種富含營養與保健作用的功能性飲品。茶多酚、胺基酸、茶多醣等次生代謝物，是茶具有保健功能的藥理基礎。因此，茶被譽為21世紀健康飲料，廣泛應用於食品、醫藥及衛生保健行業。

第一節

茶的功能成分

茶鮮葉是由許多化學成分組成的複雜有機體，其中水分約占75％，乾物質約占25％。茶的成分主要包括初生代謝產物（如醣類、蛋白質及脂類）以及茶獨有的次生代謝產物（如多酚類、茶胺酸、生物鹼及茶葉皂苷等），對調節人體代謝、增強免疫力具有一定的作用；但茶不是藥。

一、茶的成分概述

1. 茶的初生物質

茶中的初生代謝產物包括醣類、蛋白質及脂類。

醣類占茶葉乾重的20.0％～25.0％，主要由果膠（約11.0％）、纖維素（4.3％～8.9％）、半纖維素（3.0％～9.5％）、澱粉（0.2％～2.0％）和可溶性醣等構成。果膠為高黏度液，有助於茶葉加工成型，包括果膠酸、果膠素和原果膠，其中果膠酸和果膠素可溶於水，賦予茶湯厚味感。纖維素和半纖維素是細胞骨架類物質，不溶於水，在一般的茶葉加工中幾乎沒有變化，但在普洱茶和磚茶加工中由於微生物的作用可降解形成可溶性醣類。澱粉是一種儲藏物質，難溶於水，在茶葉加工中可由於酶或溼熱作用轉化

為可溶性醣。這些變化有利於提高茶的滋味和香氣等。可溶性醣主要由葡萄糖、果糖、蔗糖、麥芽糖和棉子糖等構成，是茶湯苦後回甘的甜的滋味成分。

蛋白質占茶葉乾重的20.0%～30.0%，其中，難溶於水的穀蛋白占蛋白質總量的80%，還有少量的白蛋白、球蛋白和精蛋白。在茶葉製造中，蛋白質少量降解並參與梅納反應，有利於增進茶的鮮爽味感並影響茶葉的風味和色澤。

脂類約占茶葉乾重的8.0%，包括脂肪、磷脂、糖脂、甾醇及脂溶性色素等。脂類的降解及脂溶性色素會影響茶葉的風味和色澤。

2. 茶的次生物質

茶樹是多年生常綠葉用作物，同其他植物比較，茶樹在物質代謝上有共性，更有個性。具體表現在茶獨特的系列二級代謝產物，如多酚類、茶胺酸、生物鹼、茶葉皂苷及茶葉活性多醣等。

茶多酚（tea polyphenol，TP）占茶葉乾重的24%～36%，包括黃烷醇類（兒茶素類）、黃烷酮類、黃酮醇類、花青素類、花白素類及少量簡單酚酸類等。其中黃烷醇類（兒茶素類）約占茶葉多酚的70%，是茶葉多酚的主要成分。茶多酚在茶葉加工中發生變化，是形成各類茶葉品質的核心物質。

茶葉中的生物鹼（alkaloids）主要有咖啡因、可可鹼和茶葉鹼，其中以咖啡因含量最高，占茶葉乾重的3%～5%，是茶葉提神醒腦的重要成分。

茶胺酸（theanine）是茶中特有的胺基酸，約占茶葉乾重的1%，占茶中游離胺基酸總量的50%～60%，是茶鮮爽味感的重要成分。

茶皂苷（tea saponins）是一類性質比較複雜的糖苷類衍生物，因水液振盪時可產生大量肥皂樣泡沫，故稱。以茶籽皂苷和茶花皂苷的含量較高，約占茶葉乾重的1%；茶葉皂苷和茶根皂苷含量較低，約占乾重的萬分之一。

此外，茶中還含約3%的游離有機酸，包括檸檬酸、蘋果酸等。

3.茶的其他成分

主要包括維他命、礦物質、色素和芳香物質。

茶中含少量維他命，有硫胺素、核黃素、菸鹼酸、維他命C、維他命E和胡蘿蔔素。綠茶中胡蘿蔔素、維他命E和維他命C含量較高，每100克綠茶可提供約5.8毫克胡蘿蔔素、9.57毫克維他命E和19毫克維他命C。

茶中礦物質主要是鉀和磷，還有鈣、鎂、鐵、銅、鋅等。其中鉀鹽占比最高，約50%，其次是磷酸鹽類。老葉中含量高的礦物質有氟、鈣、鐵、硒、鋁、矽、錳、硼等，嫩葉中含量高的礦物質有鉀、鎂、鋅、砷及鎳等元素。每100克綠茶可提供約325毫克鈣、1661毫克鉀和196毫克鎂。

茶中色素包括脂溶性和水溶性色素。脂溶性色素有葉綠素和類胡蘿蔔素，屬於脂類，其加工中的氧化降解程度影響茶的色澤和香氣。水溶性色素主要是花青素、花黃素和兒茶素等，屬於多酚類，其氧化降解影響茶的色澤、滋味等品質特徵。

茶的香氣被譽為「茶之神」，中國古代稱茶為「香茗」。不同茶中芳香物質種類不同，大致有200～500種。茶葉芳香油含量受季節、產地和加工方式等影響，以水蒸氣蒸餾法提取，鮮葉芳香油含量約0.02%，綠茶和紅茶芳香油含量分別為0.005%～0.02%和0.01%～0.03%。

茶中化學成分組成及含量範圍如下表所示。

茶葉中的化學成分組成及含量

化學成分	含量（%）	組成
蛋白質	20～30	穀蛋白、精蛋白、球蛋白、白蛋白等
醣類	20～25	纖維素、半纖維素、果膠、澱粉、葡萄糖、果糖、蔗糖、棉子糖、茶葉多醣等
脂類	8	脂肪、磷脂、糖脂、甾醇、萜類、蠟、脂溶性色素等
茶多酚	24～36	兒茶素類、花白素類、花青素類、黃酮醇類、黃烷酮類、黃酮類、簡單酚類等
生物鹼	3～5	咖啡因、茶葉鹼、可可鹼等

（續）

化學成分	含量（%）	組成
胺基酸	1～4	茶胺酸、麩胺酸、天門冬胺酸等
維他命	0.6～1.0	維他命C、維他命E、維他命B_1、維他命B_2、菸鹼酸等
礦物質	3.5～7.0	鉀、磷、硫、鈣、鎂、鐵、錳、硒、鋁、銅、氟等
色素	1	葉綠素、胡蘿蔔素類、花黃素、花青素等
芳香物質	0.005～0.03	醇類、醛類、酸類、脂類及內酯類、酮類、碳氫化合物等

　　由於茶的沖飲方式、茶葉成分的可溶性和茶葉用量，透過飲茶攝取的醣類、酯類、蛋白質和維他命類等非常有限。因此，飲茶的健康效應是來自茶葉所含的功能成分。

二、茶的保健成分

1.茶葉多酚類

　　茶多酚是茶葉區別於其他植物的很重要的一類化合物。包括簡單酚及簡單酚酸類、類黃酮類。簡單酚及簡單酚酸類在茶中含量約5%；類黃酮類是茶多酚主要成分，包括黃烷醇類（兒茶素類）、4—羥黃烷醇類（花白素）、黃烷酮類、黃酮醇類、花青素類和花白素類等。

　　（1）簡單酚及簡單酚酸類

　　主要有沒食子酸（占乾重的0.5%～1.4%）、沒食子素（約占乾重的1.0%）、綠原酸（約占乾重的0.3%），還有咖啡酸和對香豆酸等；許多簡單酚及簡單酚酸類化合物在植物防禦中起重要作用，某些成分還有調節植物生長的作用。

　　簡單酚及簡單酚酸類是製茶中導致原料pH下降的主要有機酸之一，酸度增大有利於增強水解酶及氧化酶活性，有利於茶葉品質的形成；其中，沒食子酸是合成酯型兒茶素必不可少的物質。

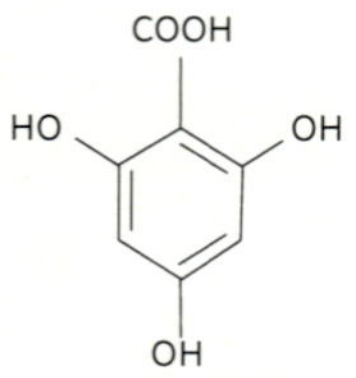

沒食子酸 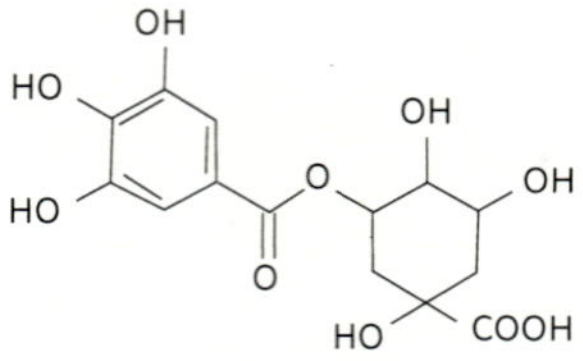　　　　　　　　沒食子素 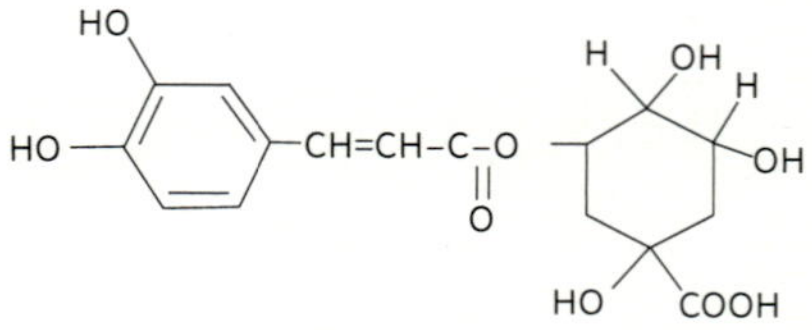　　　　　　　　綠原酸

（2）類黃酮類

類黃酮類泛指具有2—苯基苯並劈喃的基本結構的一類化合物。基本碳架為$C_6-C_3-C_6$。

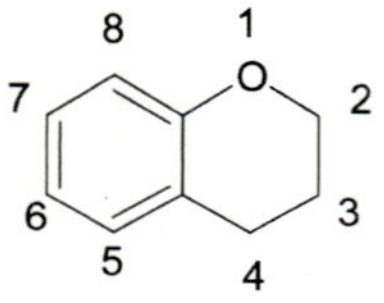

苯並吡喃 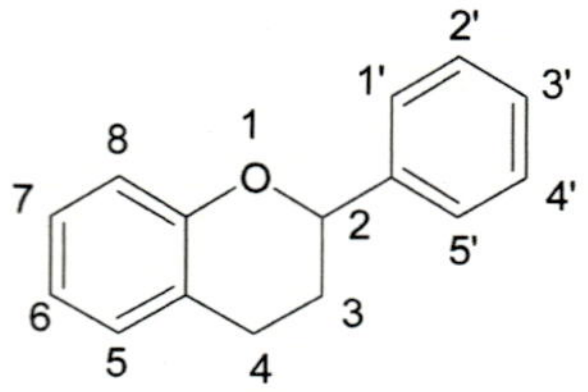　　　2—苯基苯並吡喃 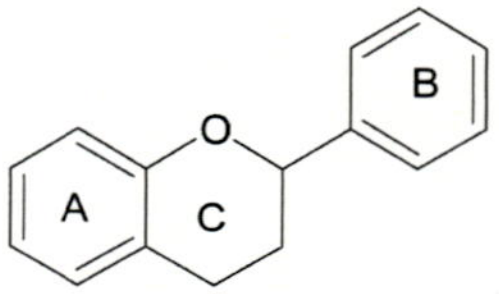　　　$C_6-C_3-C_6$

由於C環的氧化程度及結構特點，茶葉中的類黃酮類包括黃烷醇類（兒茶素類）、4—羥基黃烷醇類（花白素類或黃烷二醇類）、花色苷類（花青素類）、黃酮類（花黃素類）、黃酮醇類、黃烷酮類及黃烷酮醇類等。

①兒茶素類（黃烷醇類）

茶兒茶素占茶葉乾重的12%～24%，是茶葉多酚類的主要成分。

茶兒茶素結構至少包括A、B和C三個基本環核，根據C環是否和沒食子酸發生酯化反應以及B環上連接酚羥基的情況，可分為非酯型兒茶素（或簡單兒茶素、游離兒茶素）和酯型兒茶素（或複雜兒茶素）。

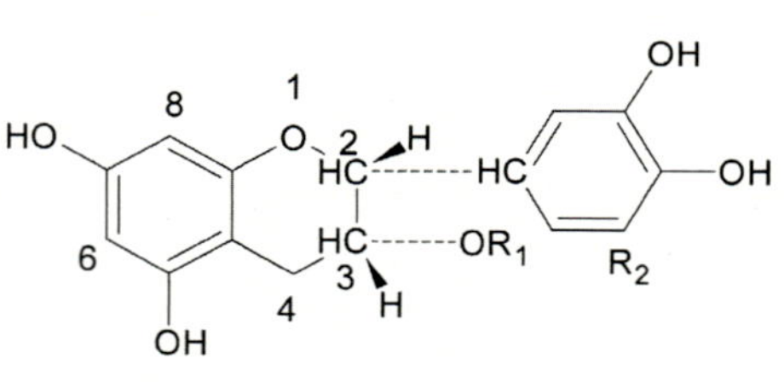

通式：$A-CH_2-CHOH-CHOH-B$

其中大量存在的兒茶素有L-表沒食子兒茶素沒食子酸酯（L-EGCG）、L-表沒食子兒茶素（L-EGC）、L-表兒茶素沒食子酸酯（L-ECG）、（+）-沒食子兒茶素（D-GC）及L-表兒茶素（L-EC）。

②花白素類（4-羥基黃烷醇類或黃烷二醇類）

又稱穩色花青素。比兒茶素更活潑，占茶乾重的2%～3%，主要有芙蓉花白素和飛燕草花白素。

R=H　芙蓉花白素
R=OH　飛燕草花白素

③花青素類（花色苷類）

花青素類的形成與積累，與茶樹生長發育狀態及環境條件密切相關，光照強、氣溫較高的季節花青素濃度較高，茶芽葉呈紫紅色。花青素一般約占茶乾重的0.01%，但紫色芽葉的花青素占乾重比例可達0.5%～1.0%，主要有飛燕草花色素及其苷、芙蓉花色素及其苷。

$R_1=R_2=R_3=H$　天竺葵色素
$R_1=OH$, $R_2=R_3=H$　芙蓉花色素
$R_1=R_2=OH$, $R_3=H$　飛燕草花色素
$R_1=R_3=OH$, $R_2=H$　翹搖紫苷元

④花黃素類（黃酮類）

一類廣泛存在於植物中的黃色素。植物中黃酮類多與糖結合成苷類，茶中的黃酮及其苷類有洋芫荽素—8—C—β—D—葡萄糖苷（又稱牡荊素）、皂草苷（又稱異牡荊素）、芹菜素—6,8—二—C—葡萄糖苷和三鯨臘素。

⑤黃酮醇類

茶中黃酮醇苷多分屬於山柰素、槲皮素、楊梅素和糖形成的苷，含量較多的有槲皮苷（0.2%～0.5%）（以芸香苷較多，占乾重的0.05%～0.15%）及山柰苷（0.16%～0.35%，春茶含量高於夏茶）。

山柰苷類有山柰素—3—鼠李糖苷、山柰素—3—O—β—D—葡萄糖苷（紫雲英苷）、山柰素—3—O—β—D—芸香糖苷（費格里蒎鹼）及山柰素—3—O—鼠李二葡萄糖苷等。

槲皮苷類有槲皮素—3—O—β—D—葡糖苷、槲皮素半乳糖苷、槲皮素—3—鼠李糖苷、槲皮素—3—O—鼠李二葡糖苷及槲皮素—3—O—β—芸香糖苷（芸香苷）等。

楊梅苷類有楊梅素—3—O—β—D—葡糖苷及楊梅素半乳糖苷等。

⑥其他多酚類

黃烷酮類也稱二氫黃酮類。茶中分離出的有柚皮素。

黃烷酮醇類又稱二氫黃酮醇類，是黃酮醇的還原產物。茶中分離出的有二氫山柰素。

查耳酮又稱苯基苯乙烯酮，是形成兒茶素的中間物質。

（3）多酚類氧化聚合產物

酚類易氧化，在陽光、高溫、鹼性基質或氧化酶存在時，發生氧化聚合和縮合反應，在空氣中可自動氧化為黃棕色膠狀物。透過控制茶葉加工中多酚類的氧化條件及氧化程度，可製成不同的茶類。

茶多酚主要氧化產物為一系列稱為茶色素（tea pigments，TPs）的有色物質，包括茶黃素（theaflavins，TF）、茶紅素（thearubigins，TR）和茶褐素（theafubenins，TB）及縮合單寧等。

茶黃素由成對的兒茶素氧化結合形成。含量為茶乾重的0.3%～1.5%，水液橙黃，有辛辣味和強收斂性，是紅茶滋味的重要成分，也是紅茶湯「金圈」的主要成分。

茶紅素是茶中含量最多的多酚類氧化產物，占乾重的5%～11%。刺

激性不如茶黃素，收斂性較弱，滋味甜醇，是紅茶湯紅色的主要成分。茶紅素分子中的羧基（—COOH）在不同pH下解離狀態不同，其陰離子（—COO—）顏色比未解離的酸（—COOH）顏色深，茶湯中加酸會降低顏色深度，使顏色變淺，加鹼則顏色變深。所以泡茶用水性質不同，對茶湯顏色的影響也不同。

茶褐素為水溶性的褐色物質，除多酚類氧化聚合產物，還含有胺基酸、醣類等結合物。茶褐素含量占茶乾重的4%～9%，色澤暗褐，滋味平淡稍甜。部分能與蛋白質結合沉澱於葉底，形成暗褐的葉底色澤。

2.茶葉生物鹼

茶中的生物鹼以咖啡因含量最多（占茶葉乾重的2%～5%），其次為可可鹼和茶葉鹼（分別占乾重的0.05%和0.002%），其他極少，如黃嘌呤、次黃嘌呤、擬黃嘌呤、鳥便嘌呤及腺嘌呤等。茶葉嘌呤鹼在生物體內透過次黃嘌呤核苷酸轉變而來，並在嘌呤鹼代謝中相互轉化。

咖啡因
(1,3,7-三甲基黃嘌呤)

可可鹼
(3,7-二甲基黃嘌呤)

茶葉鹼
(1,3,二甲基黃嘌呤)

茶葉生物鹼從茶籽萌發開始形成，此後一直參加體內代謝活動。咖啡因在茶樹各部位含量差異較大，以葉部最多，莖梗較少，花果最少；在新梢中隨葉片老化而下降，即嫩葉含量高，因此，咖啡因可作為茶葉老嫩的象徵成分之一。

咖啡因在茶樹各部位的分布

茶樹部位	咖啡因含量（%）	茶樹部位	咖啡因含量（%）
茶芽及第一葉	3.55	第三葉	2.76
第二葉	2.96	第四葉	2.09

（續）

茶樹部位	咖啡因含量（%）	茶樹部位	咖啡因含量（%）
嫩梗	1.19	花	0.80
綠梗	0.71	綠色果實外殼	0.60
紅梗	0.62	種子	—
白毫	2.25		

有苦味的咖啡因能與茶多酚氧化產物茶黃素、茶紅素絡合形成複合物，在茶湯冷後出現渾濁的現象（稱冷後渾），提高茶湯鮮爽度。一般認為茶湯正常的冷後渾是茶品質好的表現。咖啡因的苦味強度還與茶胺酸有關，茶胺酸對咖啡因的苦味有抑制作用。

3. 特殊胺基酸

茶中游離胺基酸是茶鮮爽味感的重要成分，在游離胺基酸中還發現一些特殊胺基酸，如茶胺酸、麩氨醯甲胺、天冬醯乙胺、豆葉胺酸、γ-胺基丁酸及β-丙胺酸。受關注的是茶胺酸和γ-胺基丁酸。

（1）茶胺酸

茶胺酸（theanine）含量占茶乾重的1%，約占茶葉游離胺基酸的一半。茶胺酸具有焦糖香和類似味精的鮮爽味，味覺閾值0.06%（麩胺酸閾值0.15%）。茶胺酸是影響茶葉品質的重要鮮味劑，同時具有獨特的藥理學效應。

茶胺酸

（2）γ-胺基丁酸

γ-胺基丁酸（gamma amino-butyric acid，GABA）是麩胺酸去羧後形

成的。其形成與環境壓力有關，在植物過澇或乾旱或缺某種礦物質等條件下，合成量會增加。一般100克綠茶含量25～40毫克。在茶葉加工中採用厭氧靜置5～10小時的方式，可使γ-胺基丁酸含量達150毫克/100克。γ-胺基丁酸是一種抑制性神經傳遞物，參與多種代謝活動，有很高的生理活性。

4.茶葉多醣

茶葉多醣是從茶中提取出來的具有多種生物活性且結構複雜的雜多醣或其複合物。主要由阿拉伯糖、半乳糖和葡萄糖構成，還有核糖、甘露糖和木糖等。粗茶葉多醣還包括蛋白質、果膠、灰分和其他成分。

茶葉多醣的含量與茶類及所用原料的老嫩度有關。從原料老嫩看，老葉多醣含量比嫩葉高。同種茶類級別低的原料更粗老，多醣含量相對高。從茶類來講，烏龍茶中茶葉多醣含量占茶葉乾重的2%～3%，綠茶中的茶葉多醣占茶葉乾重的0.8%～1.4%，紅茶中的茶葉多醣占茶葉乾重的0.4%～0.8%，烏龍茶中的茶葉多醣含量更高，與其原料更粗老有關。

5.茶葉皂苷

茶葉皂苷包括茶籽皂素和茶葉皂素及根、莖中的皂素。

茶葉皂苷是一類由皂苷元配基（$C_{30}H_{50}O_6$）、糖體和有機酸組成的結構複雜的混合物。不同的皂苷配基與配糖體連接和不同的有機酸與配基的連接以及連接方式的差異，使由皂苷配基、配糖體及有機酸構成的茶皂素是一類結構相似的混合物。從茶樹的根、葉、種子及花中分離鑑定出的茶葉皂苷單體50餘種。

茶葉皂苷具有抗菌消炎、抗病毒、抗氧化等多種生物學活性，因而備受關注。

第二節

茶的保健作用

中國是最早發現和利用茶的國家，從「神農嘗百草，日遇七十二毒，得茶而解之」開始，到秦代《爾雅》和漢代（司馬相如）《凡將篇》把茶葉（荈詫）列為20多種草藥之一，再到唐代陸羽在《茶經》中提到「苦茶久食、益意思」（引自華佗《食論》）、「輕身換骨，治瘺瘡、利小便、袪痰渴熱、令人少睡」（引自《本草‧木部》），至明代李時珍在《本草綱目》中記載茶性味苦甘、微寒無毒，主治瘺瘡、利小便、袪痰熱、止渴、令人少睡、有力悅志、下氣消食、破熱氣、清頭目，合醋治瀉痢。歷代都有茶葉藥用的記載。

一、茶的傳統功效

中醫認為茶味苦、甘、性涼，入心、肝、脾、肺、腎五經。苦能瀉下、燥溼、降逆，甘能補益緩和，涼能清熱、瀉火、解毒。因此，茶葉具有以下功效：

消暑解渴：茶氣輕浮發散，可清除暑熱之邪，又能下瀉膀胱之水，以除暑溼，故有消暑解渴之功。

清熱明目：茶性涼，能清熱，可用於治療發燒、煩躁等熱性疾病。茶氣輕盈，能循肝經達目，揚障目之邪熱，故能療目疾。

　　利尿解毒：茶味苦，其氣可下行膀胱，以助汽化行水，有利水瀉毒的作用。

　　防睡抗眠：因其性涼，清沁爽神，味甘，可使人神清持久而不欲睡。

　　消食積去肥膩：茶性飄逸，能升能降，能合胃氣之升降，促胃氣之運化，故能消食積去肥膩。

二、茶葉成分的功能作用

　　世界各國對茶葉成分功能作用研究始於1840年代，當時主要是對茶萃取物的化學成分（如咖啡因、茶多酚）進行研究。直至1920—1960年代，基本停留在對茶葉化學成分的研究及個別利用方面的探討。對茶及其內含化學活性成分的功能研究，是近幾十年來逐漸興起的。

　　茶中含有茶多酚、咖啡因、茶胺酸、茶多醣等功能成分，有抗氧化、抗輻射、抗癌及調節血脂、血壓和血糖等生理功能，是公認的健康食品之一。

1.茶多酚及其氧化產物的功能

（1）抗氧化作用

　　人體多種疾病的發生，都與自由基過多有密切關係，如心腦血管疾病、呼吸系統疾病、消化系統疾病、內分泌系統疾病以及神經系統疾病等。

　　茶多酚及其氧化產物可直接清除自由基，避免氧化損傷。此外，茶多酚及其氧化產物可透過作用於產生自由基相關的酶類和絡合金屬離子，間接清除自由基，發揮抗氧化作用，使其可用於延緩衰老、預防腦退化及保護肝臟等方面。

（2）對脂類代謝和心血管疾病的影響

血液中脂質主要有膽固醇、三酸甘油脂、磷脂和游離脂肪酸，與脂質代謝異常與高血壓、動脈粥樣硬化等心血管疾病密切相關。茶多酚及其氧化產物對於調節脂類代謝、防治心血管疾病有一定的健康效應。

長期或短期攝取茶葉多酚，均有降低實驗動物體脂和肝脂的作用。1995年日本原徵彥（Y.Hara）以基礎膳食組為對照，研究茶多酚對不同鼠齡小鼠的影響，發現攝取茶多酚對12月齡及以上的小鼠有較好的降血脂、降膽固醇作用，認為長期攝取茶多酚能降低血清脂質特別是三酸甘油脂和膽固醇的含量。

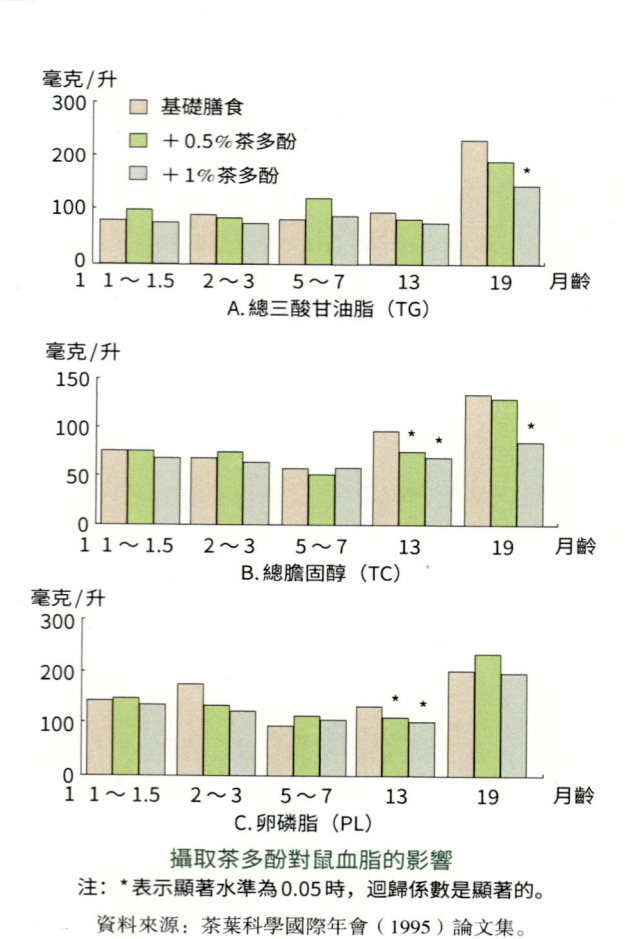

攝取茶多酚對鼠血脂的影響

注：*表示顯著水準為0.05時，迴歸係數是顯著的。

資料來源：茶葉科學國際年會（1995）論文集。

（3）抗變態反應和增強免疫功能的作用

茶葉具有抗變態反應能力，且這一能力與公認的抗變態反應極為有效的甜茶相當，不發酵茶的抗變態反應能力優於全發酵茶。

茶多酚具有緩解機體產生過激變態反應的能力，對機體整體的免疫功能有促進作用。茶多酚還透過促進免疫細胞的增殖和增強巨噬細胞的吞噬活性，增強機體的非特異性免疫功能。

（4）抑制突變和癌變的作用

中國和日本在1990年代進行了茶葉抗癌的流行病學研究，日本學者1992年調查發現在茶葉生產和銷售地區，胃癌的發生率低於中國平均水準；中國學者於1994年對南北方茶葉飲用量與食道癌發生率之間的關係展開調查，認為飲用綠茶降低了食道癌的發生率。

大量研究報導顯示，茶鮮葉提取液、紅茶提取物（茶色素）、綠茶提取液、綠茶單寧、表沒食子兒茶素沒食子酸酯（EGCG）等具有抗癌活性，主要表現為抑制致癌的促成過程。許多研究者進行的離體試驗和動物試驗均發現，茶葉抽提物和茶多酚具有抑制胃癌、皮膚癌、十二指腸癌、結腸癌、肝癌、胰臟癌、乳癌、攝護腺癌和肺癌的作用。

茶多酚抗腫瘤作用主要透過抑制致癌物形成、對抗自由基、直接抑制癌細胞生長及對抗致癌促癌因子等實現。

（5）抑菌消炎和抗病毒作用

①抑菌消炎作用

茶多酚具有廣譜抗菌性，對自然界中多數動植物病原菌都有一定的抑制作用；對痢疾桿菌、金色葡萄球菌、傷寒桿菌、霍亂弧菌等多種有害菌有明顯抑殺作用。

茶多酚對大多數致病菌最小抑制濃度小於0.1%，這對茶多酚的應用十分有利。

茶多酚對引起人體皮膚病的多種病原真菌（如頭部白癬、汗泡狀白癬等寄生真菌）有很強的抑制作用，對鬚癬毛癬菌、紅色毛癬菌及新型

隱球酵母等真菌有抗菌和殺菌活性。透過對這些致病菌的抑制，可預防和治療某些皮膚病。茶多酚是有效的抑菌劑和抗炎因子，有利於預防和治療粉刺、痤瘡。此外，茶多酚有很好的透皮性，可減輕老年斑和皺紋，改善皮膚粗糙和乾燥，對繼發性色素沉著有抑制效果。作為廣譜抑菌劑、收斂劑、免疫調節劑和抗氧化劑，茶多酚被用於皮膚燒創傷的治療。

茶多酚對幾種細菌孢子及營養細胞的最小抑制濃度

單位：毫克/公斤

茶多酚及其組成	肉毒桿菌 孢子	肉毒桿菌 營養細胞	枯草芽孢桿菌 孢子	枯草芽孢桿菌 營養細胞	脂肪芽孢桿菌 孢子	脂肪芽孢桿菌 營養細胞	脫硫腸狀菌 孢子	脫硫腸狀菌 營養細胞
粗茶多酚	300	<100	>1 000	>800	300	200	<100	>1 000
EGC	>1 000	300	>1 000	>800	1 000	300	500	>1 000
EC	>1 000	>1 000	>1 000	>800	>1 000	800	500	>1 000
EGCG	200	<100	1 000	>800	200	200	200	>1 000
ECG	200	200	900	800	300	<100	<100	>1 000
粗茶黃素	200	200	600	700	300	200	<100	>1 000
TF	250	150	>500	>1 000	250	200	200	>1 000
TFG	150	250	>500	500	—	300	—	>1 000
TFG_2	100	200	400	400	150	200	100	>1 000

資料來源：茶葉科學國際年會（1991）論文集第250頁。

茶多酚濃度在1毫克/毫升時能在5分鐘內抑制變形鏈球菌生長，用0.2%茶多酚漱口可使菌斑指數明顯下降；茶多酚對牙齒具有直接殺菌和抑菌作用，抑制葡聚糖聚合酶活性的作用，使葡萄糖不能在菌表聚合、病菌無法在牙齒上著床，有效中斷齲齒形成。

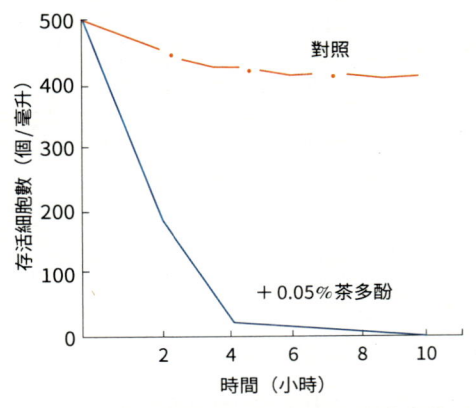

加入0.05%茶多酚對鏈球菌細胞數的影響

②抗病毒作用

有文獻報導，茶葉及其化學成分有抗輪狀病毒、A型肝炎病毒等作用，還是愛滋病毒I（HIV-I）逆轉轉錄酶的強抑制劑。茶多酚及氧化產物對流感病毒的侵染有一定抑制作用。

（6）抗輻射作用

日本在廣島原子彈爆炸事件幸存者中發現，凡長期飲茶的人，放射病輕、存活率高。1950年代，研究發現茶葉提取物可消除放射性鍶對動物的傷害，故茶葉被譽為「原子時代的飲料」。此後，許多國家相繼進行研究，如蘇聯學者用鍶-90照射小鼠後定期餵給濃縮茶兒茶素，發現實驗組小鼠仍然存活，對照組卻因患放射病而死亡，這證實茶對放射線有一定保護作用，且以酯型兒茶素防輻射作用最強。

高能輻射對動物形成傷害的原因之一是形成活性氧自由基，茶多酚可消除電離輻射誘發的超氧陰離子（$O_2^-·$）和羥自由基（$OH·$），具有抗輻射作用。茶多酚也透過增強體內非特異性免疫功能，促進造血和免疫細胞的增殖，增強機體對電離輻射的抵抗力，促進造血功能的恢復。

因此，從事同位素研究、在X射線等輻射環境工作的人，多喝綠茶大有好處。

第六章 茶的保健作用

（7）茶多酚的其他功能作用

①調節微血管功能和維他命C增效作用

茶兒茶素，特別是表兒茶素（EC）和表兒茶素沒食子酸酯（ECG），能調節血管透性，增強微血管彈性，歸屬維他命P類藥物。茶兒茶素勝過目前已知的各種增進微血管作用的藥物（如芸香苷、七葉苷等），還可穩定人體組織內維他命C的作用而減少紫癜。

②血糖調節作用

茶多酚主體成分兒茶素及其氧化產物茶黃素，對人和動物體內的澱粉酶、蔗糖酶活性有抑制作用，其中茶黃素效果最強。茶多醣也有降血糖作用。因此，喝茶也有預防糖尿病的效果。

③解毒作用

茶多酚可與飲用水和食品中重金屬鹽（如鉛、汞、鎘等）、有毒生物鹼、亞硝酸鹽等反應產生絡合物沉澱，因而，飲茶可緩解這些重金屬離子的毒害作用。

④清新口氣

口臭由多種揮發性化合物引起，包括硫黃化合物（硫化氫、甲硫醇等）、含氮化合物（胺類）、低級脂肪酸、醛類、酮類化合物等。這些物質有的因為口腔疾病、消化系統疾病和呼吸系統疾病而自體內產生，有的來自食品，如大蒜、酒、菸等。兒茶素對口臭主成分如揮發性硫化合物，特別是甲硫醇有顯著的除臭效應。

⑤緩解體力疲勞

連續1週每天給小鼠注射含茶多酚生理鹽水液，結果其平均游泳時間延長，表明茶多酚可增強小鼠的運動耐力。

2.茶葉咖啡因的功能

（1）對中樞神經系統的興奮作用

咖啡因能興奮中樞神經，主要作用於大腦皮層使機體精神振奮，提高工作效率度。飲用茶葉能提高人們的辨別能力，提高味覺、嗅覺及觸覺的

靈敏度。

（2）強心解痙及對心血管的作用

咖啡因具有鬆弛平滑肌的功效，可使冠狀動脈鬆弛，促進血液循環。咖啡因作為支氣管擴張劑用於氣喘病治療，輔助心絞痛和心肌梗塞治療。但同樣劑量下，咖啡因的效果不如茶葉鹼。

咖啡因可引起血管收縮，但對血管壁的直接作用又可使血管擴張。咖啡因直接興奮心肌的作用可使心跳幅度、心率及心排血量增高；但興奮延髓的迷走神經又使心跳減慢，最終藥效為此兩種興奮相互對消的總結果。因此，在不同個體可能出現輕度心跳過緩或過速，大劑量茶葉咖啡因可導致心跳過速，甚至引起心搏不規則。因此，過量飲用茶葉，偶有心率不齊發生。

（3）助消化、利尿作用

咖啡因透過刺激腸胃促使胃液的分泌，增進食慾、幫助消化。

咖啡因利尿作用是透過提高尿液中水的濾出率以及對膀胱的刺激作用實現的。臨床上常用咖啡因排除體內過多的細胞外水分。

（4）對代謝的影響

咖啡因促進機體代謝，使兒茶酚胺含量升高，促進脂肪代謝。咖啡因還可刺激腦幹呼吸中心的敏感性，影響二氧化碳的釋放，已被用作防止新生兒週期性呼吸停止的藥物。

3. 茶胺酸的功能

茶胺酸是茶鮮爽味感的主要成分，化學構造上與腦內活性物質麩醯胺酸、麩胺酸相似。因此，茶胺酸對人體神經系統的影響受到極大關注。

（1）對神經系統的作用

茶胺酸可使神經傳導物質多巴胺顯著增加，對帕金森氏症和傳導神經功能紊亂等疾病有預防作用。

茶胺酸與興奮型神經傳導物質麩胺酸結構相近，能競爭細胞中麩胺酸

結合部位，從而抑制麩胺酸過多引起的神經細胞死亡。茶胺酸可保護神經細胞，抑制短暫腦缺血引起的神經細胞死亡。

人體有4種腦波，α-波在鬆弛時出現、β-在興奮時出現、δ-波和θ-波分別在熟睡和打盹時出現。口服茶胺酸可使α-波快速升高，誘導放鬆狀態，使人鎮靜，對容易煩躁不安的人更有效。部分臨床研究指出，茶胺酸具有緩解焦慮、改善心情、提高認知和促進睡眠的功效。

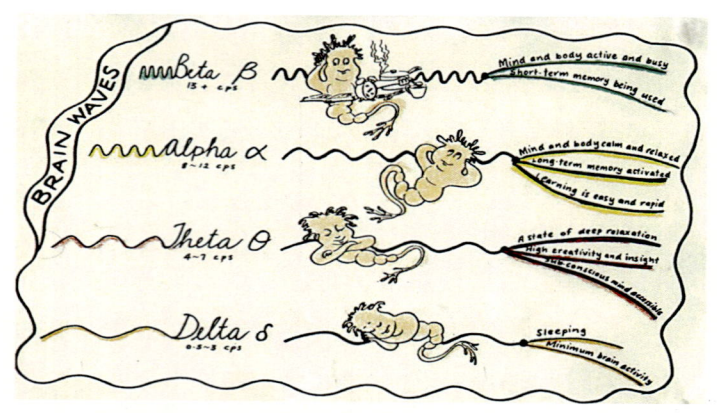

茶胺酸對人腦α-波釋放的影響（Kobayashi，1998）
δ-波熟睡時出現，θ-波打盹時出現，α-波鬆弛時出現，β-興奮時出現；
cps（cycles per second）：周/秒

（2）對心血管疾病的影響

茶胺酸透過影響腦和末梢神經的色胺等物質，具有一定的降血壓作用。1995日本學者Yokogoshi H.等試驗發現，高血壓自發症大鼠在注射高劑量茶胺酸1 500～2 000毫克/公斤後，血壓顯著降低，收縮壓、舒張壓及平均血壓均明顯下降，且降低程度與劑量有關。如將茶胺酸以80～200毫克/公斤體重的劑量注射給大鼠，2小時後，可觀察到大鼠腦中色胺和5-羥吲哚乙酸減少，色胺酸增加。茶胺酸可能透過調節中樞神經傳導物質的濃度來發揮降血壓作用，但對血壓正常的大鼠沒有降血壓作用。茶胺酸還可拮抗咖啡因的升血壓效應。

（3）抗腫瘤作用及增強抗癌藥物療效

腫瘤細胞的麩醯胺酸代謝比正常細胞活躍得多，因此，茶胺酸作為麩醯胺酸的競爭物，可開發為治療腫瘤的輔助藥物，透過干擾麩醯胺酸的代謝來抑制癌細胞生長。動物試驗證明，茶胺酸對小鼠可移轉性腫瘤有延緩作用，可延長患白血病小鼠的存活期。

因茶胺酸具有增強抗腫瘤藥物的療效作用，可利用茶胺酸來減少毒性強的抗癌藥物劑量及其副作用，使癌症治療變得更安全有效。茶胺酸可抑制癌細胞的浸潤，防止其移轉到身體其他部位，且濃度越高，阻礙癌細胞浸潤的能力越增強。茶胺酸能抑制抗癌藥物從腫瘤細胞中流出，提高多種抗腫瘤藥物的療效，減輕抗癌藥物引起的白血球及骨髓細胞減少等副作用。

（4）對免疫系統的作用

茶胺酸有增強免疫的作用。2013年日本學者Katsuhito Nagai等研究發現，採用茶胺酸和半胱胺酸聯合治療感染流感病毒的高齡小鼠，可明顯提升血清免疫球蛋白IgM和IgG，明顯降低肺病毒濃度。2017年朱飛等報導茶胺酸可增加大鼠脾臟重量，高劑量茶胺酸（400毫克/公斤）透過降低血清皮質酮水準、增加血清干擾素–γ水準及提高5-羥色胺和多巴胺含量，改善免疫功能。

（5）其他功能作用

茶胺酸具有一定的鎮靜作用，可緩解女性經期症候群，包括頭痛、腰痛、胸部脹痛、無力、易疲勞、精神無法集中、煩躁等。

茶胺酸是咖啡因的抑制物，能有效抑制高劑量咖啡因引起的興奮震顫作用和低劑量咖啡因對自發運動神經的強化作用，還有緩解咖啡因延後睡眠發生和縮短睡眠時間的作用。

4.茶多醣的功能

茶葉活性多醣是由葡萄糖、阿拉伯糖、半乳糖、木糖及果糖等組成的聚合度大於10的複合型雜多醣。茶多醣有降血糖、降血脂、降血壓、增

強免疫和防治心血管疾病等作用。

（1）降血糖作用

民間有用粗老茶治療糖尿病的經驗。早年在日本京都和宇治地區，人們將馬蘇茶（Matsucha）作為民間草藥治療糖尿病。1935年，日本京都大學醫學部開始採用馬蘇茶治療糖尿病，並將一種脫咖啡因的馬蘇茶作為糖尿病口服藥註冊登記。1980年代，日本清水岑夫報導茶葉中降血糖成分是茶葉多醣。隨後，相繼開展的動物口服或腹腔注射實驗以及人體口服實驗，均顯示不同茶類茶多醣均有較好的降血糖效果。

（2）其他功能作用

茶多醣有抗氧化作用，對超氧陰離子和羥自由基等有顯著清除效果。茶多醣有增強免疫、抗輻射及降血脂等功能作用。有茶多醣存在的混合成分，對代謝解毒酶活性的提高率均高於任何一種茶葉單體成分，表明茶多醣在一定程度上增強茶葉的防癌功能。

5.茶皂素的功能

茶皂素也稱茶葉皂苷，具有溶血、魚毒、抗菌消炎、化痰止咳、鎮痛、抗癌等藥理功能，且由於結構差異，各類茶皂素表現活性也有差異。

（1）溶血和魚毒作用

茶皂素的水溶液對動物紅血球有破壞作用，會產生溶血現象。茶皂素對紅血球的毒性，主要是由於皂素能與血液中大分子醇（如膽固醇等）結合形成複鹽，引起含膽固醇細胞膜的通透性改變，破壞膜引起紅血球血紅素類物質的滲透而導致紅血球解體（即溶血）；茶皂素與膽固醇的互動作用，往往是不可逆的。

茶皂素具有魚毒活性，即使在濃度很低時，對魚、蛙、螞蟥等冷血動物同樣有毒，原因是破壞魚鰓的上皮細胞並隨著呼吸作用和血液循環進入鰓血管、心臟，使血液中的紅血球產生溶血；茶皂素魚毒活性的半致死量（LD_{50}）為3.8毫克/升。如果在茶皂素溶液中加入膽固醇等甾醇類物質，這種溶血作用就會消失。水質鹽度能促進茶皂素的魚毒活性，隨著

水溫升高，茶皂素的魚毒活性增強；茶皂素在鹼性條件下會水解並失去活性。

茶皂素對同樣以腮為呼吸器官的對蝦無毒，這可能是由於對蝦血液攜氧載體為含 Cu^{2+} 的血藍素，且蝦腮是由複雜的幾丁質及蛋白質組成的角質層區，與魚腮結構截然不同。

茶皂素對高等動物口服無毒。

（2）抗菌作用

茶皂素有抗細菌和黴菌的活性，對多種致病菌（如白色鏈球菌、大腸桿菌和單細胞真菌）有一定抑制作用，尤其對皮膚致病真菌有良好抑制活性，對多種皮膚病、痛癢有抑制作用。也可抑制食品、衣物和室內黴菌的生長，且安全無毒。茶皂素還有很強的抑制酵母生長的活性，在低濃度下能殺死嗜鹽接合酵母菌，隨鹽濃度升高，抑制作用增強。

（3）抑制酒精吸收及保護腸胃作用

茶皂素可抑制酒精的吸收，降低血液中的酒精含量，有保護肝臟的作用。1993年日本學者Tsukamoto等報導，在試驗鼠服用酒精前1小時口服茶皂素，繼而服用酒精0.5～3.0小時後血液和肝中乙醇含量均比對照組低，表明茶皂素能抑制酒精吸收，意味著茶皂素有助於緩解因飲酒過量造成的肝損傷。茶皂素還有抑制胃排空和促進腸胃轉運的功能，有望在抑制和治療腸梗阻類的腸胃轉運方面的疾病上得到應用。

（4）其他功能作用

抗炎及抗氧化作用：主要表現在炎症初始階段使受障礙微血管通過性正常化。

降脂減重作用：透過阻礙胰脂肪酶活性，減少腸道對脂肪的吸收，有控制體重的作用。皂苷可減少腸道對膽固醇的吸收，有降膽固醇作用。

生物激素樣作用：茶皂素能刺激茶苗生長，可作為生長調節劑使用。還可加快對蝦生長，原因可能是茶皂素能刺激對蝦體內激素分泌，促進其

蛻皮，進而加快其生長。

殺蟲驅蟲作用：茶皂素對鱗翅目昆蟲有直接殺滅和拒食的活性，作為生物農藥，在農藥行業有廣泛的應用前景，已在園林花卉領域用作殺蟲劑。茶皂素還有殺滅軟體動物活性，對血吸蟲中間宿主釘螺有殺滅效果。

抑制和殺滅流感病毒的作用：對A型和B型流感病毒、皰疹病毒、麻疹病毒、HIV病毒有抑制作用。可刺激腎上腺皮質機能，還有調節血糖水準和抗高血壓作用等。

6. γ-胺基丁酸的功能

γ-胺基丁酸是目前研究較為深入的一種重要的抑制性神經傳遞物，有很高的生理活性。人體腦組織中含量為0.1～0.6毫克/克組織，濃度最高的區域為大腦中黑質。

（1）神經系統的抑制性物質

γ-胺基丁酸是一種重要的神經系統的抑制性物質，具有鎮靜神經、抗焦慮作用，聯合茶胺酸使用有更顯著的緩解焦慮及抗憂鬱作用。γ-胺基丁酸參與多種神經功能調節，並與多種神經功能疾病有關聯，如帕金森氏症候群、癲癇、思覺失調症、遲發性運動障礙和阿茲海默症等。γ-胺基丁酸對腦血管障礙引起的症狀，如偏癱、記憶障礙、兒童智力發育遲緩及彼得潘症候群等，有很好的療效。γ-胺基丁酸還被用於尿毒症、睡眠障礙及一氧化碳中毒的治療藥物。在視覺與聽覺調控中也有非常重要的作用，並有精神安定作用。

（2）提高腦活力

γ-胺基丁酸促進腦細胞代謝，同時提高葡萄糖代謝時葡萄糖磷酸酯酶活性，增加乙醯膽鹼生成，擴張血管、增加血流量，並降低血氨，促進大腦新陳代謝，恢復腦細胞功能。麩胺酸與γ-胺基丁酸的代謝調節對學習記憶有重要作用，在一定範圍內，麩胺酸與γ-胺基丁酸的比值升高對學習記憶有促進作用，但比值過高則有抑制作用。

（3）降血壓和血糖調節作用

γ-胺基丁酸透過作用於脊髓的血管運動中樞，有效促進血管擴張，具有降血壓作用。近年體內外實驗均證明，γ-胺基丁酸及其代謝產物 γ-羥基丁酸（GHBA）能抑制血管緊張素轉化酶（ACE）活性，具有降血壓作用。日本多項人體臨床試驗也證明，透過膳食補充 γ-胺基丁酸，可降低高血壓患者血壓，因此日本厚生勞動省允許 γ-胺基丁酸產品宣傳降壓功效。

γ-胺基丁酸能減緩壓力誘導的胰腺 β 細胞凋亡，抑制第一型糖尿病的炎症反應，可以作為早期第一型糖尿病治療劑；透過適當加工富集 γ-胺基丁酸的GABA茶，可顯著降低大鼠血糖水準；抑制鏈脲佐菌素（STZ）誘導的糖尿病大鼠大腦皮質細胞的凋亡和自噬，緩解慢性炎症。

（4）其他功能作用

γ-胺基丁酸還有活化腎功能、改善肝功能、防皮膚老化、消除體臭以及鎮痛、抗氧化等功能，是應用於尿毒症、睡眠障礙及一氧化碳中毒的治療藥物。

第三節

茶葉功能成分的代謝和安全性

　　茶，作為傳統飲品，適當飲用有利於健康。茶葉中富含的各種功能成分，已先後被提取分離並應用於一般食品、保健食品及藥品等領域，當這些成分以非茶的形式被攝取，其代謝及安全性備受關注。

一、多酚類的代謝和安全性

　　大量的體內外實驗證實，茶多酚有多種功能作用，開展關於茶多酚的生物利用性及代謝動力學研究具有重要意義。

1. 多酚類的代謝

　　表沒食子兒茶素沒食子酸酯（EGCG）和茶黃素（TF）一直被認為是綠茶和紅茶中主要的有效組分。關於這些化合物在動物和人體中的吸收、代謝，有大量的研究報導。

　　茶多酚主體成分兒茶素類在人體中吸收快，降解也快。飲茶後表沒食子兒茶素沒食子酸酯（EGCG）、表兒茶素沒食子酸酯（ECG）等主要兒茶素類在人體中很快被吸收，飲茶3～5小時後血漿EGCG濃度達峰值，ECG和表沒食子兒茶素（EGC）濃度達峰值的時間更短一些。EGCG在血

漿中的半衰期3.9小時、ECG 6.9小時、EGC 1.7小時；EGCG於飲茶後5小時內在血液中濃度即可降至15%左右。D-兒茶素沒食子酸脂（D-CG）在小腸中含量高，主要透過膽汁代謝，糞便排洩；EGC、表兒茶素（EC）在腎臟中含量最高，主要透過尿液排出體外。

2.茶多酚的安全性

試驗顯示，茶多酚（TP）急性毒性小鼠半致死量（LD_{50}）為2 496～2 816毫克/公斤體重，有中等蓄積性，阿姆斯（Ames）試驗突變性為陰性。

亞急性毒性試驗中，以0.1%茶多酚濃度飼餵6週後，小鼠血紅素、紅血球數、白血球數、體重、肝重、胸腺和脾臟的細胞數與對照組均無差別。藥理試驗顯示，將茶多酚按成人劑量灌入麻醉狗腸內，連續4小時記錄血壓、心電、呼吸與腸道活動，結果均在正常範圍內，與給藥前無明顯差別。

慢性毒性試驗顯示，將茶多酚以成人劑量的20倍和40倍連續餵飼狗3個月，結果服茶多酚的狗食量與體重較對照組增加，但6週後，高劑量組體重增加漸緩，與對照組相似，其他表現如行為、大小便、心電圖、血常規、血液生化指標、屍體解剖和臟器組織病理學檢查均正常，與對照組比較無顯著差別；用21倍、107倍和214倍給大鼠連續灌胃4個月，與用藥前及對照組比較，也未發現形態和功能方面的改變。

果蠅終生餵飼0.1%茶多酚，對其壽命沒有影響，飼餵低劑量時能延長其壽命，阿姆斯（Ames）試驗中連續以茶多酚半致死量（LD_{50}）的1/10劑量飼餵小鼠20天，對同類染色體交換無作用，可見茶多酚半致死量（LD_{50}）的1/20劑量是無毒、無積累的。

二、咖啡因的代謝和安全性

咖啡因除了存在於天然的咖啡、茶葉、可可中，還作為添加劑添加到可樂型的飲料和緩解體力疲勞的保健食品中。嗜好含咖啡因較多的飲料和保健食品，有咖啡因攝取過多的可能。

1.有關咖啡因安全性的爭論

最早關於咖啡因毒性的報導是1951年英國發表的一份關於咖啡因有誘變大腸桿菌作用的試驗報告。接著美國、日本也有大劑量咖啡因引起孕鼠死胎、畸胎的試驗報告。1980年代，相繼有咖啡因不同劑量影響的報導，每天以每公斤體重150毫克咖啡因劑量混在飲水中餵懷孕小鼠，會導致胎鼠的體重下降、骨化延緩並有少量顎裂；每天以每公斤體重25～39毫克咖啡因劑量連續4代餵實驗小鼠，未發現對生殖、性成熟年齡、窩的大小、斷奶時體重、性別比和畸胎率有劑量效應關係。以上實驗中，咖啡因用量遠超人類每日實際攝取量。相當於一個體重60公斤的人每天攝取2 000～9 000毫克咖啡因，按茶葉咖啡因含量3%計，約相當於攝取60～300克的茶葉，這在現實中是不可能的。

1972—1982年，美國食品藥物管理局組織專家進行了一系列人群流行病學調查，發現人群在飲用和食用咖啡因條件下沒有發生不良影響，咖啡因攝取量在每天每公斤體重30毫克時對人體健康無任何影響。1984年美國食品藥物管理局發表結論認為：據大多數動物上的實驗結果，需在遠比人類接觸劑量高的條件下才能產生有害效應，因此不能認為咖啡因對人類生殖機能有不良作用；並確定咖啡因的無作用劑量為每天每公斤體重40毫克（約相當於體重60公斤的人每天攝取80克茶葉）。因此，可以認為，從茶葉中攝取咖啡因量是安全的。

2.咖啡因的代謝及使用要求

咖啡因是一種在人體內迅速代謝並排出體外的化合物，半衰期

2.5～4.5小時。攝取體內的咖啡因，有90%生成甲基尿酸排出體外，10%不經代謝直接排出體外，在體內無蓄積作用。

咖啡因是安全範圍較大、不良反應輕微的藥物和食品添加劑。長期飲用會輕度成癮，一旦停用可表現短期頭痛或不適，繼續停用則不適感自然消失。攝取中毒劑量咖啡因，會引起陣攣性驚厥，可用巴比妥類藥物對抗治療。正常飲用劑量下，咖啡因對人無致畸、致癌和致突變作用，而有提神醒腦等功能特性。

三、茶胺酸的代謝及安全性

1.茶胺酸的代謝

同其他胺基酸一樣，茶胺酸在腸道中被吸收，其後迅速進入血液並輸送至肝部、腦組織。茶胺酸在體內的代謝動力學變化表明，小鼠經口灌胃1小時後，鼠血清、腦及肝中的茶胺酸濃度明顯增加；隨時間延長，血清和肝中的茶胺酸濃度逐漸降低，而腦中茶胺酸濃度則繼續保持增長趨勢，直到灌胃5小時後濃度達最高值；24小時後這些組織中的茶胺酸都消失。人體服用茶胺酸後，尿液中可檢測到茶胺酸、麩胺酸和乙胺三種物質，而且這些物質在尿液中的含量與服用量成正比，說明茶胺酸的代謝部位可能是腎臟，一部分在腎臟被分解為乙胺和麩胺酸後透過尿排出體外，另一部分直接排出體外。

EGCG和EGC等主要兒茶素類在進入人體後會很快代謝並轉化成其他兒茶素和代謝物。這些代謝物的活性將成為研究的焦點。現已發現EGCG的兩種O-甲基衍生物抗過敏活性大於EGCG。與此類似的茶黃素的衍生物茶黃素-3-沒食子酸脂（TF_3）對降血脂、抗氧化和抑制資訊傳遞的活性也高於茶黃素（TF）和茶黃素3（TF_2），甚至高於EGCG。

2.茶胺酸的安全性

在茶胺酸亞急性毒性試驗中，未見大鼠有任何毒性反應；致突變實

驗中，未見任何誘變作用；細菌回復突變實驗中，未導致基因變異。茶胺酸是一種安全無毒、具有多種生理功能的天然食品添加劑，在使用時不進行限量規定。

四、茶多醣的代謝及安全性

茶多醣進入人體後，主要透過腸道酶作用最終分解為單醣分子被吸收，由血液送入人體各組織細胞，在細胞內氧化釋放能量，供人體需要。急性毒性試驗表明，小鼠腹腔注射茶多醣的最大耐受量高於1克/公斤體重。茶多醣屬低毒安全品，無副作用；其用量可根據需要而定。

五、茶葉皂苷的代謝及安全性

急性毒性試驗中，小鼠口服茶皂素（每公斤體重2 000毫克）1週，未發現毒性，且試驗小鼠體重、攝食量及內臟、血液檢查結果均無異常。日本學者Kawaguchi在1994年即報導每天以每公斤體重口服茶皂素150毫克對雌雄試驗鼠都未產生任何副作用。可見，茶皂素作為食品添加劑是安全的；喝茶時，不必擔心茶皂素的溶血性。

第四節

茶葉功能成分的應用

一、茶多酚的應用

1. 在食品工業的應用

茶多酚是從茶中提取的天然抗氧化劑，具有抗氧化能力，可防止食品褪色，有消炎殺菌等作用。作為抗氧化劑、食品保鮮劑和天然色素穩定劑，茶多酚可用於油脂、洋芋片、泡麵、醃臘肉類製品、醬滷肉製品、油炸肉類、西式火腿、發酵肉製品及水產製品等，在食品中起護色保鮮的作用。

2. 在醫藥及保健行業的應用

利用兒茶素製成抑制氧化、抗突變及抗衰老的新型藥物。美國將綠茶作為預防癌症的膳食補充劑應用。茶多酚的抗輻射作用眾所周知，中國已將茶葉濃縮物作為輻射治療後的升白劑在臨床中應用。目前，市場上有採用茶多酚與銀杏、三七、山楂等合用開發活血降脂的保健食品，有茶多酚與左旋肉鹼合用開發的減肥降脂產品等。

攝取含綠茶提取物的藥品和保養品，按說明書或醫囑服用是安全的；但應注意不要擅自超量服用，要警惕和其他中草藥製劑一同服用的情況。

3.在衛生保健方面的應用

茶多酚作為主要輔料製備外用軟膏，可用於化膿性感染的燒傷、外傷等的治療。茶兒茶素具有與菸草主流煙氣中的部分物質相結合的作用，可考慮在保持吸菸者牙齒潔白方面起作用，在牙膏配料中加0.04%表沒食子兒茶素沒食子酸酯（EGCG）用於日常刷牙，使人口感清爽、精神爽快。

此外，茶多酚在洗漱用品、護膚品、紡織品及動物飼料等領域的應用日益廣泛，包括用於化妝水、面膜和香皂等日化用品，開發成含茶多酚的空氣清新劑以及添加茶多酚的抗菌口罩、手套、工作服、衛生紙和尿布等。還有將茶多酚添加到家禽飼料中以改善家禽生產性能等相關報導。

總之，從生物資源利用方面看，茶多酚的利用不侷限於飲茶，在食品工業、醫藥衛生及日用化工等方面都大有開發利用的前景。

二、茶葉咖啡因的應用

咖啡因在醫藥領域被應用於興奮中樞和血管運動中樞，緩解嚴重傳染病和中樞抑制藥中毒引起的中樞抑制，能直接舒張皮膚血管、肺腎血管和興奮心肌。很多止痛藥、感冒藥、強心劑、抗過敏藥中都含有咖啡因。臨床上咖啡因常與解熱鎮痛藥配伍以增強鎮痛效果，與麥角胺合用治療偏頭痛，與溴化物合用治療神經衰弱。

咖啡因是興奮劑、苦味劑和香料。已被160多個國家和地區准許在飲料中作為苦味劑使用，最大許可用量在100～200毫克/公斤。聯合國糧食及農業組織/世界衛生組織規定咖啡因最高允許用量為200毫克/公斤。

三、茶胺酸的應用

茶胺酸可被用於普通食品和保健食品。目前開發的保健食品有單一茶胺酸、茶胺酸與褪黑激素合用，茶胺酸與 γ -胺基丁酸、酸棗仁、菊花、大棗、茯苓和百合等藥食兩用的食品資源合用開發的安神助眠的膳食補充劑或功能食品；一般茶胺酸攝取量以每天不超過0.4克為宜。茶胺酸能抑制苦味、改善食品風味，可廣泛用於點心、糖果及果凍、飲料、口香糖等食品中；茶胺酸攝取量不受限制，可按需添加。

四、茶皂素的應用

茶皂素是一種性能良好的天然表面活性劑，可廣泛用於日化工業作清潔劑、林產工業作乳化劑、機械工業作減磨劑以及啤酒工業作發泡劑等。

茶皂素是毛紡織品、絲織品和棉紡品的優良洗滌劑；茶皂素的殺菌消炎和去屑止癢等功能，使其被應用於洗髮精、沐浴乳、花露水、洗手乳和護手霜等產品。

茶皂素也被應用於清涼飲料和酒類中（24～50毫克/升），以防止酵母生長，保持酒質穩定。日本專利報導，將茶皂素改性為 α -醣基茶皂素，可用於多種藥物、保健食品及飲料中。在醫藥上，茶皂素可作為祛痰止咳劑和凝血劑等應用；其淺部抗真菌作用，可應用於防治蕁麻疹、淫疹、夏日皮炎等。

在農藥行業，茶皂素可作為殺蟲劑，茶皂素（0.39毫克/毫升以上）對枯萎病原真菌有抑制作用，對聯苯菊酯防治白蟻有增效作用。

五、茶葉γ-胺基丁酸的應用

γ-胺基丁酸為抑制性神經傳遞物，可由腦部的麩胺酸轉化而成；但隨著人體年齡增長和精神壓力加大，γ-胺基丁酸積累困難，透過日常飲食補充可有效改善這種狀況。

γ-胺基丁酸可應用於功能性乳製品、運動食品、飲料、可可製品、糖果、焙烤食品和膨化食品等，但不包括嬰幼兒食品。2007年日本可口可樂公司推出了具有放鬆和抗緊張功效的γ-胺基丁酸功能性飲料水動樂（Aquarius Sharp Charge）。日本已開發富γ-胺基丁酸的降血壓茶，稱Gabaron茶（也稱GABA茶或伽馬茶）。

已有γ-胺基丁酸和茶胺酸合用開發的安神助眠產品，其γ-胺基丁酸劑量一般每天不超過0.5克。

第五節

合理飲茶與健康

中國是茶的故鄉，有著悠久的茶的利用史，在茶從藥用到飲用的過程中，發明了多種多樣的茶類。不同的茶類，由於選擇原料及加工方式差異，風味和茶性不同，除了個人喜好，飲茶選擇也與季節、人群以及職業等有關。

一、四季與茶飲

從茶性上看，花茶由於添加了茉莉花等香花，其中的芳香物質可促進陽氣發生，春季飲用，有散發冬季鬱積在體內的寒氣的作用；綠茶是不發酵茶，性味苦寒，有清暑解毒，增強腸胃功能、促消化，防腹瀉與皮膚感染的作用，適合夏季飲用；青茶是半發酵茶，不寒不熱，能清除體內餘熱，使人神清氣爽，宜秋季飲用；紅茶是全發酵茶，味甘性溫，使人精力充沛，冬季飲用較好。

茶飲（穆祥桐　圖）

二、人群與茶飲

　　由於咖啡因的興奮作用，一般建議女性在孕期、哺乳期和經期要控制飲茶。孕婦大量攝取咖啡因，可能引起流產、早產以及新生兒的體重下降，應慎用。經期過量飲茶，可能會引起經痛、經血過多及經期過長的現象。哺乳期大量攝取含咖啡因的茶，可能影響乳汁的分泌。

　　心跳過速的心臟病患者以及心、腎功能減退的病人，一般不宜喝濃茶，以飲用淡茶為宜，或者選用咖啡因較低的茶葉，一次飲用的茶水也不宜過多，以免加重心腎負擔。

　　咖啡因是嘌呤類生物鹼，代謝後產生尿酸，加上咖啡因的興奮作用和茶多酚的收斂作用，一些特殊疾病患者如痛風、嚴重便祕者、神經衰弱或失眠症患者，也要控制茶飲，宜選擇淡茶或者發酵茶。

　　從年齡來看，兒童因神經、消化等器官較為稚嫩，對咖啡因等不耐受，不宜飲茶，或宜飲淡茶；青春期對微量元素需求量高，宜選用綠茶；經前期緊張的女性，宜選用可舒肝解鬱的花茶；老人不宜飲用易引起便祕的紅茶。

　　從職業來看，經常使用電腦辦公的人，宜飲有抗輻射作用的綠茶。

三、飲茶與礦物質吸收利用

　　一般建議缺鐵性貧血、缺鈣或骨折、泌尿系統結石患者、更年期女性不宜多飲茶或少喝濃茶。過量飲茶、攝取較多茶多酚和咖啡因，會促進體內礦物質（如鈣、鎂、鈉等）排洩，使骨密度下降，可能是引發骨質疏鬆症的原因之一。

　　薄雲紅等短期動物實驗（7天）發現，茶多酚浸出液明顯降低大鼠血清鐵蛋白、血清鐵及全血鐵含量；兔子體內血清鐵及全血鐵含量下降，血

清鐵蛋白無明顯變化；這表明茶多酚在短期動物實驗中確實會影響鐵代謝。日本東京醫科大學短期實驗（7天）的結果與薄雲紅的實驗結果相似，但在30天以上的長期鐵平衡實驗中發現，茶不會影響動物鐵的吸收和血清鐵水準，相反，飲茶組的血清鐵還略高於對照組（實驗劑量相當於一個體重60公斤的人每天攝取2 400毫克茶多酚，按茶多酚含量24%～36%計，相當於一個成人每天喝2～4杯茶）。

因此，關於茶葉與礦物質吸收利用的關係，還需要更多的研究數據支持。作為個體，可選擇喝淡茶、紅茶或者熟普等發酵茶。

四、空腹飲茶的問題

空腹飲茶常會出現胃不舒服和頭昏心悸的情況，尤其是咖啡因敏感人群在喝綠茶和普洱生茶時，更易出現這種情況，原因可能是咖啡因刺激胃酸分泌而誘發腸胃不適，這與綠茶、普洱生茶中咖啡因以游離形式存在和易釋放有關。有這種情況的飲茶者，只要留意喝茶的方式，就可避免出現腸胃不適的現象，比如可考慮將第一泡茶倒掉，因咖啡因比茶多酚、茶胺酸等茶葉有效成分溶於水的速度更快，倒掉第一泡茶水，咖啡因去掉很多但其他有益成分損失不多；其次可選用紅茶、普洱熟茶等發酵茶，其咖啡因主要以絡合形式存在，可減少對胃腸的刺激作用。

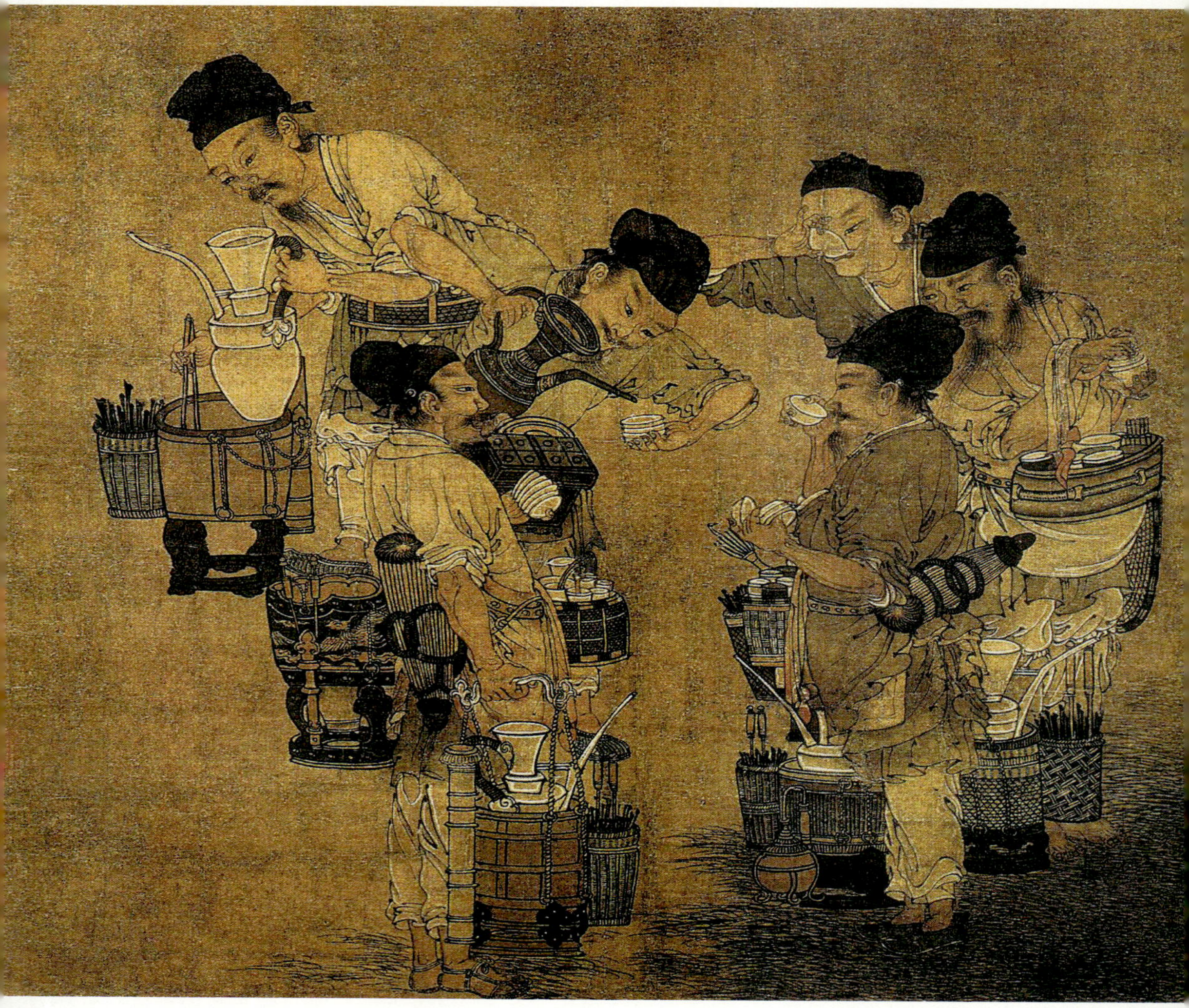

第七章／茶史與民族茶俗

茶在中國各地區、民族生活中產生不同的風俗，是中國茶文化的重要組成部分，也是茶作為健康飲品的鮮明特色。同時，在不同時代、不同民族，茶俗的特點和內容具有地域性、社會性、傳承性和自發性，涉及社會的經濟、政治、信仰等各個層面。

第一節

三千年流傳有序

中國人在發現茶以後，深得茶之助益，便將茶樹引入園內實行人工栽培。隨著茶產量提高，飲茶者愈來愈多，在儒、釋、道諸家提倡之下，遂成風俗，並融入王公貴族、文人墨客以及庶民百姓日常生活中，逐步發展為中國人以茶為載體，表達人與人之間、人與自然之間各種理想、信念、情感、訴求的文化現象。

飲茶文化在中國，經歷了萌芽、興盛、變革、轉折、全面復興等五個階段，三千年流傳有序。

（一）萌芽時期（前221—617年）

起源於巴蜀，經秦、漢、魏晉南北朝逐漸向中國北方和長江中下游傳播，飲茶由上層社會向民間發展，茶的產地已經擴展到四川、湖北、湖南、河南、浙江、江蘇、安徽等地。晉代杜育《荈賦》記載：「靈山惟嶽，奇產所鍾。厥生荈草，彌谷被崗。」晉人張載《登成都白菟樓》詩云：「芳茶冠六清，溢味播九區。」反映了茶的種植、品飲與傳播等情況。

魏晉南北朝時期，茶因可提神益思，具有養生之功，又與尚儉之風契合，開始與道家、儒家的思想發生連繫，並作為一種精神文化開始萌

芽。例如，茶被認為具有養生益壽的神奇作用。南朝陶弘景《雜錄》記載：「苦茶輕身換骨，昔丹丘子、黃山君服之。」後來慢慢發展為追求身心和諧，養性延年效果。與此同時，飲茶與儒家思想也逐漸相通。儒家提倡溫、良、恭、儉、讓，修養途徑是窮獨兼達、正己正人；既要積極進取，又要潔身自好。在魏晉時期，由於流行官吏及士人以誇豪鬥富為榮，對於這種奢靡的社會風氣，一些有識之士提出了「養廉」，如陸納任吳興太守時，以茶待客，秉持素業；桓溫任揚州牧時，秉性節儉，以茶下飯。

（二）興盛時期（618—1367年）

唐代茶葉消費的興盛，極大地促進了生產的發展，種茶的規模和範圍不斷擴展。據唐代陸羽《茶經·八之出》記載，中國茶葉產地分為山南、淮南、浙西、劍南、浙東、黔中、江南、嶺南八大區，涉及43個州（郡）遍及今長江流域及其以南的14個省份，其茶葉產區達到了與中國近代茶區相當的局面，並已出現一批名茶，如劍南蒙頂石花、湖州顧渚紫筍、峽州碧澗及明月茶、福州方山露芽等。

唐代長沙窯茶盞子

陸羽《茶經》奠定了中國古代茶學的理論基礎，成為中國古代茶學的百科全書；他不僅對用火、擇水、茶器、煮茶、飲茶等「九難」有了科學的思考，還把中華傳統文化中儒、釋、道諸家思想融匯其中，提倡飲茶的儉約之道，強調茶人需有精行儉德的品格和高尚情操，並把飲茶作為道德修養和心靈淨化的方式，首創中國茶道精神。品茶成為文人生活中不可或

缺的內容，文人雅士爭相謳歌茶事，許多詩人如皎然、白居易、元稹、盧仝等，都留下大量膾炙人口的茶詩。茶與佛教的關係進一步緊密，唐代封演《封氏聞見記》云：「開元中，泰山靈岩寺有降魔師，大興禪教，學禪務於不寐，又不夕食，皆許其飲茶。人自懷挾，到處煮茶，從此轉相仿效，遂成風俗。」

到了宋代，隨著茶葉在社會、經濟、政治乃至軍事上地位日趨重要，茶區不斷擴大，產量進一步提高，市場逐步完善。茶葉生產中心由西南向東南移轉，朝廷在建州（今福建建甌）北苑設立「龍焙」，生產貢茶。隨之興起的是點茶、鬥茶之風，彰顯宋代飲茶遊藝而浪漫的氣息。

上層社會嗜茶成風，宋徽宗趙佶撰寫《大觀茶論》，進一步助推

北苑貢茶：瑞雲翔龍

了當時的飲茶風氣，認為茶可「祛襟滌滯，致清導和」，茶有「沖澹簡潔，韻高致靜」的特點。丁謂、蔡襄等創製的龍鳳團茶技術較之唐代團餅茶有較大改進，日趨精細，茶葉生產和貿易的空前發展，為宋王朝提供了巨大財政收入，因而朝廷對茶稅的徵收更加重視，實行了嚴格的榷茶制度。朝廷在各茶區共設定了6個榷貨務和13個山場，專管茶葉專賣和貿易，透過實行「茶馬互市」制度，控制對邊境少數民族的茶葉貿易。

此外，宋代飲茶文化的興盛，還體現在茶館的興旺。據宋代《東京夢華錄》記載，汴梁城皇宮附近的朱雀門外，街巷南面的道路東西兩旁，「皆民居或茶坊」，吳自牧《夢粱錄》記載南宋都城臨安城裡「茶肆林立」，《清明上河圖》也有眾人在茶館飲茶的圖景。

南宋周季常《五百羅漢圖・吃茶（局部）》

（三）變革時期（1368—1643年）

明代是中國茶業變革的重要時代，也是茶文化發展的又一鼎盛時期。宋末以來，民間飲用散茶的風氣日盛，至明洪武二十四年（1391），明太祖朱元璋下詔「罷造龍團，惟採芽茶以進」，散茶生產和加工技術開始大發展，先是蒸青散茶流行，後來炒青和烘青生產更盛，綠茶進入全盛時期。明代推崇茶的自然色香味，創製了在貢茶中加入香料以增益茶香的「薰香茶」做法（朱權《茶譜》），以各種鮮花為原料加工花茶的方法（錢椿年《茶譜》）。王復禮《茶說》中介紹了武夷茶的晒青、搖青、炒製和烘焙方法，可見武夷岩茶（烏龍茶）加工工藝在清初以前已見雛形。時稱「武夷茶」（Bohea Tea），是風靡世界的紅茶。而炒製過程中使用「悶黃」技術生產的黃茶，則始於1570年前後。黑茶生產雖可追溯到11世紀前後四川「烏茶」生產，但繁榮也在這一時期。

第七章　茶史與民族茶俗

明代仇英《東林圖（局部）》

　　明代也是中國飲茶方式重大變革時期。散茶的普及以及對茶的自然色香味的推崇，催生了泡茶法的形成與流行。明中葉，以散茶直接用沸水沖泡的「泡茶法」逐漸流行，並成為後世飲茶的主流。

　　明代還是茶具發展的變革時期。自明正德年間，江蘇宜興的紫砂茶器顯赫一時，因其質樸高雅、利於發茶之色香味，深受時人喜愛。

（四）轉折時期（1644—1948年）

　　清代是中國茶文化發展由頂峰走向低谷的轉折期，茶業大起大落。清初由於資本主義商品經濟的發展，海內外市場的擴大，茶葉消費量的增加，茶業一度持續發展，茶葉出口大增，到鴉片戰爭前產量達到了頂峰。

　　清中後期，茶文化西傳、走向國際。18世紀，茶葉成為中西貿易的主要商品，中國茶葉輸出量急劇增加，茶葉外銷比17世紀增長了400多倍。19世紀前40年，中國出口茶葉750萬噸，比18世紀還多30餘萬噸。鴉

片戰爭以後，中國茶葉對外輸出量更是持續增長，1840—1870年的30年間，中國出口茶葉年均達到14.5萬噸，超過此前整個中國古代茶葉出口的總量。1870以後，印度茶業逐漸實現機械化，茶葉產量和出口量不斷增長，至1929年印度茶葉出口超過中國。斯里蘭卡1937年茶葉出口量超過中國，成為世界第二大茶葉輸出國。

到了清晚期，在印度、斯里蘭卡等國茶業的衝擊下，中國茶葉出口量自1888年持續下跌，於1949年減少到4 500噸的低谷。

（五）全面復興時期（1949年至今）

目前，中國茶園面積和產量均居世界第一位，茶葉出口居世界第二位。中國已建立起比較完整的茶業科學研究和教育體系，中國有70多所大學設有茶學專業，形成了比較完整的高等茶學教育和人才培養體系。茶學學術團體、茶葉行業協會的工作充滿活力，每年有大量茶學專著問世，茶學專業期刊十餘種，推動了茶科學和茶文化知識的推廣和普及。在茶葉經濟飛速發展的同時，中國茶文化事業也隨之興旺發達起來。

1990年後，隨著茶藝活動興起與繁榮，中國和地方性的茶藝表演、茶藝技能比賽不斷舉辦，茶藝師已成為一種新興職業。各地舉辦各種茶文化學術活動，促進了茶文化的推廣和普及。喝茶，喝好茶，成為人民美好生活的重要表徵之一。茶文化、茶科技、茶產業如何統籌發展，成為研究與實踐的新課題。

隨著科技的進步，現代分離純化技術的不斷創新以及醫學、茶學學科的發展，茶的功效與作用機制不斷得到科學闡明，茶的利用日益多元化，進入飲茶、吃茶、用茶、賞茶並舉的全面復興時期。

第二節

五十六個民族皆飲茶

　　中國地域廣闊，各族人民均喜以茶為飲，故形成的飲茶習俗十分豐富，千姿百態。其中，趕茶場、潮州工夫茶藝、贛南客家擂茶製作技藝、富春茶點製作技藝、白族三道茶、瑤族油茶習俗等作為「中國傳統製茶技藝及其相關習俗」子項，入選聯合國教科文組織人類非物質文化遺產代表作名錄。

清末北京大碗茶（1916年郵政明信片，劉波　圖）

（一）三道茶

流行於雲南大理白族居住地區。「三道茶」為主人依次向賓客敬獻苦茶、甜茶、回味茶三種，既有清涼解暑、滋陰潤肺的功能，又可以陶情養性，寄寓「一苦、二甜、三回味」的人生哲理。第一道苦茶，採用大理產感通茶，用特製陶罐烘烤沖沏，茶湯濃釅。第二道甜茶，以下關沱茶，並配以紅糖、乳扇、核桃等，滋味香甜適口。第三道回味茶，以蒼山雪綠茶、冬蜂蜜、椒、薑、桂皮等為主料泡製而成，生津回味，潤人肺腑。品嘗「三道茶」，伴以白族民間的詩、歌、樂、舞，為白族待客交友的高雅禮儀。

（二）龍虎鬥

流行於雲南納西族聚居區。將茶葉放入小土陶罐，在火塘邊烘烤，待茶呈焦黃色、發出香味時，注入開水接著熬煮。在空茶盅中倒入半盅白酒，待茶煮好後，將茶水沖入盛有白酒的茶盅，此時茶盅裡發出悅耳聲響，戲稱龍虎鬥，隨後便將茶送給客人飲用，滋味別具特色。納西族人以之作為治療感冒的良方。

（三）雷響茶

流行於雲南怒江一帶傈僳族居住地區。用大瓦罐煨開水，小瓦罐烤餅茶，待茶烤香後注入開水並熬煮約5分鐘，濾去茶渣，將茶湯倒入酥油桶，再加酥油及炒熟後碾碎的核桃仁、花生米、鹽巴或糖等，最後將鑽有洞孔的鵝卵石用火燻紅放入桶內，以提高茶湯溫度、融化酥油。由於鵝卵石在桶內作響，有如雷鳴，故稱「雷響茶」。響過，用木杵上下攪打，使酥油溶於茶湯，即可趁熱飲用。

（四）三炮台蓋碗茶

流行於西北回族聚居區。因盛茶水的蓋碗是由襯碟、喇叭口茶碗和

碗蓋三件茶具組成，故稱「三炮台」。取50克冰糖、3～4克湖南茯茶或雲南沱茶、4顆桂圓，用蓋碗沖泡後燜5分鐘即成。若再加葡萄乾和杏乾，就稱為「五香茶」。配製後，沖入開水，蓋好碗蓋，端給客人。飲用時左手托起茶碗，右手揭蓋，用碗蓋將浮在水面的茶葉、桂圓輕輕刮去，只喝茶水，邊刮邊喝，叫「刮碗子」。邊喝邊續水，直至冰糖溶解、桂圓泡漲，不再加水。

（五）擂茶

又名打油茶，流行於土家族聚居區。擂茶是用新鮮茶葉、生薑和生米仁等三種生原料，經混合研碎並加水烹煮而成的湯。土家族認為擂茶既是充飢解渴的食品，又是祛溼祛寒的良藥。平時人們中午幹活回家，在用餐前總以喝幾碗擂茶為快。有的老年人如果一天不喝擂茶，就會感到全身乏力，精神不爽，視喝擂茶如同吃飯一樣重要。

土家族老人吃油茶湯

（六）打油茶

亦稱「油茶湯」，流行於桂、湘、黔、渝以及周邊地區，尤以廣西恭城的侗族居住地區最為普遍。用料有茶籽油、茶葉、陰米（糯米蒸後晾乾）、花生仁、黃豆和蔥花；講究的油茶，還需加糯米水圓、白餈粑、蝦公、魚仔、豬肝、粉腸等。架鍋生火，先用油炸陰米，成黃白色的米花；再炸餈粑、炒花生、黃豆，煮熟豬肝、粉腸、蝦公和魚仔，將各種配料分別均勻盛放客碗中；之後，煮茶水，即把豬油倒入熱鍋，放一小把秈米或陰米，待炒到冒煙、嗅出焦味時，把茶葉與焦米一起拌炒，待鍋冒青煙

時，倒入清水並加少量食鹽同煮。喝茶時，由主婦用湯勺將沸騰的茶水倒入裝有各種配料的客碗中即成。按照當地風俗，每人需飲三碗。茶行三遍，才算對得起主人，故有「三碗不見外」之說；重慶南部山區農民將其作為每日必備飲料，故又稱「幹勁湯」。

（七）酥油茶

流行於西藏、四川、青海藏族聚居區。藏族人民常年以奶肉、糌粑為主食，「其腥肉之食，非茶不消，青稞之熱，非茶不解」，茶葉是維他命營養補充的主要來源。藏族喝得最普遍的是酥油茶。酥油茶是一種在茶湯中加入酥油等原料，再經特殊方法加工而成的茶。茶一般選用的是緊壓茶類中的康磚茶、金尖等。製作酥油茶時，一般先用鍋燒水，待水煮沸後，再用刀把緊壓茶搗碎，放入沸水中煮，待茶汁浸出後，濾去茶渣，把茶湯倒進長圓柱形的打茶筒內。與此同時，

藏族巴珍老人打酥油茶

用牛奶製成氂牛乳酪——酥油，倒入盛有茶湯的打茶筒內，再放入適量的鹽。這時，蓋住打茶筒，用手把住直立茶筒之中、上下移動的長棒，不斷舂打、攪拌。待茶、酥油、鹽、糖等融為一體。喝酥油茶是很講究禮節的，大凡賓客上門入座後，主婦立即會奉上糌粑——一種用炒熟的青稞粉和茶汁調製成的糰子。隨後，再分別遞上一隻茶碗，主婦禮貌地按輩分大小，先長後幼，向眾賓客一一倒上酥油茶，再熱情地邀請大家用茶。

（八）功夫茶

亦作「工夫茶」，流行於廣州、珠江三角洲和潮汕地區，亦流行於廈漳泉一帶。清代黃錫蕃《閩雜紀》：「漳泉人惟遇知己，方煮佳茗，器具精良，壺必陽羨名手，杯必成窯淡青，羅列齋中，以為雅玩。」廣州人均茶葉消費量居中國各大城市之首。除家庭飲茶，還以茶樓飲茶為風尚。其中，潮汕功夫茶，講究茶器，有烹茶四寶：玉書煨，一把放在風爐上煮水用的小陶壺；孟臣罐，一把普通橘子大小的紫砂壺，用以泡茶；若深杯，用於飲茶的品茗杯。沖泡功夫茶，包含21道程序：茶具講示，茶師淨手，泥爐生火，砂銚淘水，欖炭煮水，開水熱罐，再溫茶盅，茗傾素紙，壺納烏龍，甘泉洗茶，提銚高沖，壺蓋刮沫，淋蓋追熱，燙杯滾杯，低灑茶湯，關公巡城，韓信點兵，敬請品茗，先聞茶香，和氣細啜，三嗅杯底，瑞氣和融。形式獨特鮮明，節奏快慢相成，張弛有度。沖泡過程講究水溫、節奏，品飲過程注重禮儀謙讓，賓主相敬，長先幼後，彰顯和諧圓融的精神。

1999年陳香白向日本茶文化學者齋藤美和子介紹功夫茶

中國飲茶風俗豐富，大多數人民將飲茶的精神貫徹於生產生活、衣食住行、婚喪嫁娶、人生禮俗、日常交往之中，表現出質樸、簡潔而明朗的風格，亦更多地反映了人們對美好、和諧生活的追求與嚮往。

第三節

「客來敬茶」講禮儀

　　禮是中華傳統文化的核心，與中國傳統道德渾然一體，並透過各種形式表達其思想與內涵。其中「誠」與「敬」是重要的內核元素。表達敬意的方式有很多，包括敬語、容貌、服飾、進退、揖讓、先後等。其中敬茶及其相關禮儀就是重要的表敬意方式。

　　茶在沖泡品飲之中，滲透著賓主之禮和親朋之情。江南人家對於客人來訪，無論遠近、親疏、熟悉和陌生，首先會泡上一杯茶，既表現一種禮節，也展現了君子之交淡如水的禮儀。明人許次紓在《茶疏》中說：「賓朋雜沓，止堪交錯觥籌。乍會泛交，僅須常品酬酢。惟素心同調，彼此暢適，清言雄辯，脫略形骸，始可呼童篝火，酌水點湯。」他認為，志趣相投，朋友相遇，唯有活火現烹的香茗甘泉，才能彼此暢適，或互談契闊，或面致拳拳，或剪燭話舊。

　　敬茶之禮，除了接待客人，還可在家庭表示相敬相愛，明禮義倫序。舊時，大戶人家的兒女要向父母敬茶請早安；新媳婦過門第三天要向公婆敬茶請安；兒女出行前，要向父母敬茶，有的還敬妻子、兄弟、姐妹，祝願家庭平安。敬茶之禮在當今時代，更顯重大意義，對內表示親朋好友的親和禮讓，對外則表明和平、友好、親善、謙虛的和敬美德。

第四節

「三茶六禮」內涵深

婚禮，是合二姓之好，為人倫的基礎。傳統的婚禮有納采、問名、納吉、納徵、請期、親迎，稱為「六禮」。其中相關儀節，十分講究。如納采，類今之提親，中間人要送一份禮物「雁」。此禮物有深刻含義，漢代班固《白虎通·嫁娶》：「贄用雁者，取其隨時而南北，不失其節，明不奪女子之時也。又是隨陽之鳥，妻從夫之義也。又取飛成行，止成列也。明嫁娶之禮，長幼有序，不相踰越也。」此為古禮。

茶也有與之類似的象徵含義，因而在婚禮中應用、吸收了茶或茶文化作為禮儀的一部分，有「三茶六禮」之說。明代許次紓在《茶疏·考本》中說：「茶不移本，植必生子。」郎瑛《七修類稿》言：「種茶下子，不可移植，移植則不復生也，故女子受聘，謂之吃茶。又聘以茶為禮者，見其從一之義。」古人結婚以茶為禮，取其「不移志」之意。清代鄭燮《竹枝詞》：「湓江江口是奴家，郎若閒時來吃茶。黃土築牆茅蓋屋，門前一樹紫荊花。」這首竹枝詞即是茶與婚姻相關聯的例證。寫的是一個姑娘邀請郎君來家「吃茶」，一語雙關：它既道出了姑娘對男子的鍾情，也傳達了要男子託人來行聘禮的意思。更為著名的是《紅樓夢》裡的片段，鳳姐笑著對黛玉說：「你既吃了我們家的茶，怎麼還不給我們家作媳婦？」這裡說

的「吃茶」，就是訂婚行聘之事。如今中國許多地區仍把訂婚、結婚稱為「受茶」、「吃茶」，把訂婚的定金稱為「茶金」，把彩禮稱為「茶禮」，等等。例舉部分中國各族婚禮中應用茶葉的習俗。

訂婚，是確定婚姻關係的重要儀式，只有經過這一階段，婚約才算成立。此時的聘禮多用茶，故也稱茶禮、下茶、聘禮茶等。清代阮葵生《茶餘客話》記載，淮南一帶，男方給女方下聘禮，「珍幣之下，必襯以茶，更以瓶茶分贈親友」，茶須細茶，用瓶裝成雙數，取成雙成對之意，而女方將聘禮茶分贈予親友享用。又如雲南佤族訂婚，要向女方贈送茶葉、芭蕉、酒等禮品，請女方家族的長輩享用，意在得到全體族人對這樁婚事的認可。

在迎親或結婚儀式中，亦有用茶，如新郎、新娘的交杯茶、和合茶，或向父母尊長敬獻的謝恩茶、認親茶、拜茶。在湖南地區，流行新婚交杯茶：交杯茶具用小茶盅，煎熬的茶水要求不燙也不涼，在新婚夫婦拜堂入洞房前，由男方家的姑娘或姑嫂用四方茶盤盛兩盅，獻給新郎新娘，新郎新娘都用右手端茶，手腕互相挽繞，一飲而盡，不能灑漏湯水。雲南大理的白族結婚，新娘過門後第二天，新郎新娘早晨起來以後，先向親戚長輩敬茶、敬酒，接著是拜父母、祖宗，然後夫妻共吃團圓飯，至此再宣告婚禮結束。在中國江南農村及香港、澳門一帶，在婚俗中流行飲新娘茶。新娘首次叩見公婆時，必用新娘茶恭請公婆，公婆接茶品嘗，連呼「好甜」並回贈紅包答禮。然後，按輩分、親疏依次獻茶。較之古代，現代婚禮趨於簡化，但奉新娘茶的習俗，一直保留至今。

第五節

「年節祭祀」念親恩

因茶性清雅高潔，人們將茶作為祝福、吉祥、聖潔的象徵，袪穢除惡，祈求安康。因此，除了婚禮，作為日常生活用品的茶，也被逐漸應用到祭祀、喪禮文化中。中國的祭祀形式多樣，祭天、祭地、祭祖、祭神、祭仙、祭佛，等等，在這些場合中往往有茶葉的身影。大多數情況下，祭祀時，在茶碗、茶盞中注以茶水，或者不煮泡而只放以乾茶，甚至也有只以茶壺、茶盅象徵茶葉的情況。

在民間祭祀活動中，比如祭灶神，正月要祭灶，明嘉靖《汀州府志》載：「元日起，每夜設香燈茶果於灶前供奉。至初六日晚，謂灶神朝天回家，盛酒果以祭之。」如流行於福建、臺灣的正月初九「拜天公」，即為玉皇大帝生日祝壽，所供祭品就有「清茶各三」。在浙江寧波、紹興一帶，每年農曆三月十九日祭拜觀音菩薩，八月中秋祭祀月光娘娘，祭祀時，除了各類供品，還放置9個杯子，其中茶3杯、酒6杯，稱「三茶六酒」。作為茶的發源地中心之一的雲南，許多兄弟民族亦有以茶為祭品的風俗。如當地的布朗族，在自然崇拜、祖先崇拜等原始宗教的信仰和祭祀活動中，祭品一般只用飯菜、竹筍和茶葉三種，將它們分成三份，放在芭蕉葉上。

茶葉在中國喪禮文化中，亦是不可缺少之物。早在長沙馬王堆漢墓出

土簡牘中，有考證為「櫝」字的竹簡，可見在 2 000 多年前，茶已作為隨葬品。茶作為殉葬品，在中國民間有兩種說法：一種認為茶是人們生活的必需品，人雖死了，但衣食住行如生前一樣。如居住在雲南麗江的納西族，無論男女老少，在死前，都要往死者嘴裡放些銀末、茶葉和米粒，他們認為只有這樣，死者才能到「神地」。對這種風俗，一般認為上述三者分別代表錢財、喝的和吃的，即生前有吃有喝又有財，死後也能到一個好的地方。另一種說法，則認為茶代表高潔，能吸收異味，淨化空氣，有利於死者遺體的保存。如舊時在湖南中部地區，在仍流行非火葬的時期，一旦有人亡故，家人就會用白布內裹茶葉，做成一個三角形的茶枕，隨死者入殮棺木。曾子說：「慎終追遠，民德歸厚矣。」、「慎終」即喪葬，這並不是我們與親人連繫的終點，而追思親人，祭祀他們，並不遺忘，這便是「追遠」。茶在這些禮俗中發揮其價值，百姓的品德歸於淳厚。

櫝笥木牌
（長沙馬王堆漢墓出土）

宋代趙佶《文會圖（局部）》

第七章　茶史與民族茶俗

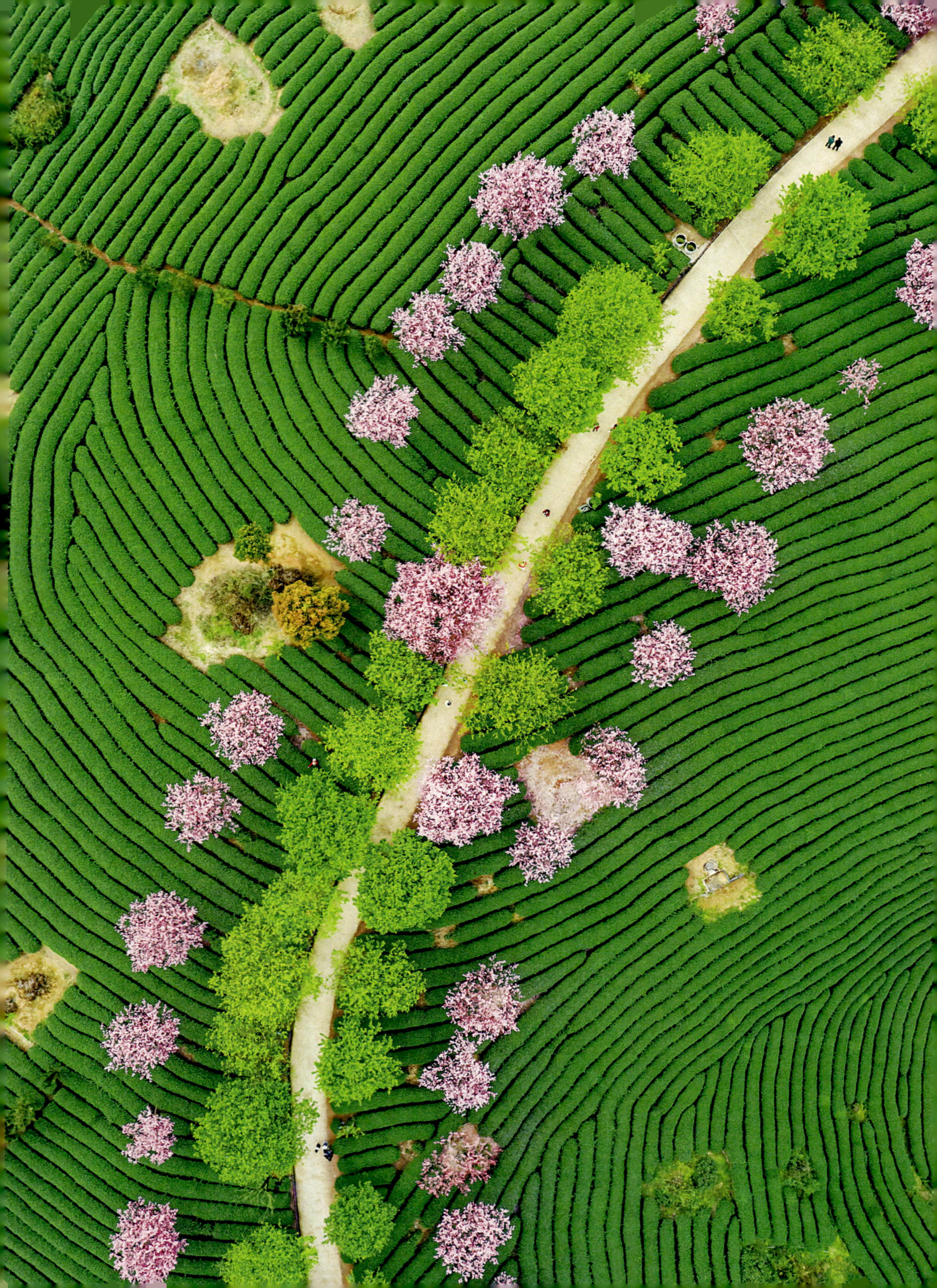

第八章 / 解碼神祕「茶馬古道」

21世紀初，當「普洱茶熱」在中國興起，一支由雲南昆明出發的由120匹騾馬、43位趕馬人組成的「雲南馬幫重走貢茶之旅」，引起海內外輿論的極大關注。

部分雲南學者認為，歷史上的「茶馬古道」，就是「馬幫」由雲南出發運輸茶葉、絲綢、土特產之路，於是，就有「六大茶山茶馬古道」、「普洱茶馬古道」等種種說法。西南大學茶葉研究所的學者們對此十分關注。本著「尊重歷史，還原事實，田野調查，現場取證」的原則，於2004—2005年，由筆者與海內外學者進行了兩次「茶馬古道」實地考察，由四川成都到拉薩，直至中尼邊境樟木鎮，歷時45天，行程5 800公里。2006年5月，西南大學與中國國際茶文化研究會聯合舉辦了茶馬古道文化國際學術研討會，海內外歷史學、茶學界100餘位專家學者參加，會議出版了論文集《古道新風》。

兩次沐風櫛雨的實地考察和國際學術會議的熱烈討論，對何謂「茶馬古道」以及茶馬古道的線路、走向、貿易、茶俗等歷史文化話題有了較清晰的認識，本章將對此做一些系統回顧。

川藏茶馬九尺道

第一節

為「茶馬古道」正名

參加茶馬古道學術研討會的不僅有來自滇、川、藏、渝的茶界學術大咖，還有聞名海內外的歷史學家和民俗學者。如四川省社會科學院的藏學家任新建研究員、臺北故宮博物院院長馮明珠研究員、雲南普洱文物管理所黃桂樞研究員、最早提出「茶馬古道」概念的雲南大學木霽弘教授等，他們都有關於茶馬古道起源、文化的鴻篇巨制。

一、何謂「茶馬古道」？

任新建在《茶馬古道與茶馬古道文化》一文中指出：「茶馬古道」一詞，源於「茶馬互市」。中國歷史上由於藏族聚居區缺茶、大陸缺馬，曾實行以漢地茶葉交換藏族聚居區馬匹的貿易政策，彼此相濟，互為補充，史稱「茶馬互市」。伴隨茶馬互市，漢藏貿易逐漸發展，彼此交易的貨物，除茶和馬，還有大陸的布匹、絲綢、糖、鹽、五金、百貨和藏族聚居區的蟲草、麝香、貝母、皮張、羊毛、黃金等土特產，形成青藏高原與大陸之間全面互通有無的貿易。伴隨這一貿易的開展，無數的商旅、駝隊、馬幫、背夫為了運送貨物，披荊斬棘，開闢出了一條條連通青藏高原與大陸交通的道

路。由於這些道路最初是因「茶馬互市」而興起的，得名「茶馬古道」。

歷史上的茶馬古道並非某一條道路，而是一個龐大的交通網絡。它是以川藏茶馬古道、滇藏茶馬古道和青藏茶馬古道為主線，輔以眾多的支線、附線構成的道路系統，地跨川、滇、青、藏四區，外延達南亞、西亞、中亞和東南亞。

也許是因為滇藏茶馬古道上主要行走的是馬幫，有不少文章把「茶馬古道」說成是「歷史上馬幫馱茶所走的道路」，甚至說「實際上就是一條道地的馬幫之路」，這顯然是不準確的。因為茶馬互市是一種漢藏互動的貿易活動，走在茶馬古道上的既有馬幫，更有氂牛馱隊，還有背夫、挑夫等；所運貨物既有茶和大陸的百貨，也有藏族聚居區的馬和其他土特產。

茶馬古道上的摩崖石刻「孔道大通」

二、茶馬古道的主要線路

自唐蕃古道開始，不同歷史階段有不同走向，並有不同稱呼。但因四川是中國邊茶主要產區，起點多在四川西部的成都和雅安等地。儘管歷史上曾有唐蕃古道、氂牛道、九尺道等不同稱呼，歸納起來，茶馬古道主要有三條，即川青藏古道、川康藏古道和滇川藏古道。

四川蒙頂山

1. 川青藏茶馬古道

根據史學家賈大泉著《四川茶業史》資料，中國茶馬互市雖起於唐代，但當時吐蕃、回鶻至大陸賣馬買茶的多為朝貢官員，並非一般商人；西藏地區飲茶者也多係貴族、頭人而非一般平民，茶馬貿易還處於初級階段。大陸與西藏地區茶馬互市的興旺，還是自宋代開始。西夏元昊在宋仁宗慶曆年間（1041—1048年）發動對宋戰爭後，「賜遺互市久不通，飲無茶，衣帛貴」的窘迫局面，成為其向宋朝皇室求和的重要原因之一。

茶馬古道在宋代的線路主要是由四川、陝西通往青海、甘肅、寧夏等地。據《宋史·食貨志》記載，從熙寧七年（1074）到元豐八年（1085）宋朝在陝西設賣茶場332個，其中48個有案可查。同時，宋朝又在陝、甘、青置買馬場。因此，最早的茶馬古道應是川陝路和陝甘青路。

2. 川康藏茶馬古道

川康藏茶馬古道歷史悠久，幾經變遷。古有靈關路、和川路、雅家埂路、馬湖江路；至明代，又分南、西兩路，即黎碉道、松茂道。清代，四川在治藏中的作用大大提高，進一步推動了川藏茶馬貿易。康熙四十一年（1702），清政府在打箭爐設立茶關。之後，又於大渡河上建瀘定橋，原由碉門經岩州的「小路」，改為天全→門檻山→馬鞍山→瀘定橋→打箭爐一

線，不再經岩州。打箭爐（康定）從此成為川茶輸藏的集散地和茶馬古道的第一重鎮，而昌都則成為川青藏、川康藏、滇川藏三道交會的茶馬貿易樞紐重鎮。

清代打箭爐至昌都分為南、北兩條大道：

北路大道：史稱「川藏商道」，即由打箭爐，經道孚、甘孜、德格、江達，至昌都。此道明代已開，因道路較平坦，沿途多有草原，適合犛牛馱隊行走，且路程較快捷，故明清以來運茶商隊絕大多數都行經此路，清廷賞給達賴喇嘛的茶，也是由打箭爐起運，經此道運至拉薩。

南路大道：由打箭爐，經理塘、巴塘、江卡（芒康）、察雅，至昌都；又稱「川藏茶馬大道」，又因此道主要供駐藏官兵和輸藏糧餉來往使用，亦稱「川藏官道」。此道雖也有茶商馱隊行走，不過主要是供應康南一帶地區，輸入西藏的茶主要仍走北路商道。

歷史上兩道會合於昌都後，由昌都起又分為「草地路」和「碩達洛松大道」兩路，至拉薩會合。碩達洛松大道，由昌都經洛隆宗、邊壩、工布江達、墨竹工卡至拉薩，草地路即由昌都經三十九族地區至拉薩的古茶道。

據文獻記載，清代每年輸入西藏的茶80%以上來自四川，其中主要為雅州所產邊茶。

筆者訪問茶馬古道上的女背夫

3.滇川藏茶馬古道

雲南，是中國西南重要茶區，亦是普洱茶發源地。但因歷史與地理原因，雲南通往藏族聚居區的茶馬古道形成時間較晚。直到清順治十八年（1661），清政府同意在滇西北設立北勝（雲南永勝）茶馬互市，一年運往藏族聚居區茶葉3 000擔，自此滇川藏茶馬古道逐漸形成。在雲南，滇川藏茶馬古道可分為西道（主道）、北道與南道（國際道）三條。

西道：滇川藏茶馬古道的主線，經思茅→普洱→景谷→按板→恩樂→景東→鼠街→南澗→彌渡→鳳儀入下關（今大理）；或從鼠街至蒙化（巍山）、大倉入下關。到大理後一路向西行，經漾鼻→太平鋪→曲硐（永平）→翻博南山至杉陽，過瀾滄江霽虹橋至水寨→板橋→保山→蒲驃→過怒江至壩灣，翻越高黎貢山→騰衝→和順→九保→南甸（梁河）→干崖（盈江）→隴川。從隴川西行至緬甸的猛密，再西行至寶井，沿伊洛瓦底江南上至緬甸古都曼德勒；再西行至擺古（勃國）；或入緬甸的八莫，再溯伊洛瓦底江而上，從恩梅開江、邁梅開江進入印度的阿薩姆邦，再進入不丹、尼泊爾，入中國西藏地區的日喀則、拉薩等地。這是唐代南詔時的博南道、永昌道，到騰衝再走天竺道出境，經緬甸到印度。

另一路北上經大理、喜洲、鄧川、牛街（洱源）、沙溪（寺登街）、甸

1907年滇西霽虹橋（劉波 圖）

南、劍川、北漢場、鐵橋城（麗江）；或下線從鄧川、北衙、松桂、鶴慶、辛屯、九和到麗江、鐵橋城、中甸（香格里拉），過金沙江到奔子欄，翻怒山丫口到德欽，軌道入川後至芒康走川藏路，再入西藏地區。

北道：又稱「貢茶路」，即由思茅，途經那科里、普洱、磨黑、通關、墨江、陰遠、元江、青龍廠、化念、峨山、玉溪、晉寧，到達昆明。雲南貢茶，自清康熙元年（1662）始，「飭雲南督撫派員，支庫款，採買普洱茶5擔運送到京，供內廷飲用」，從此形成按年進貢一次定例。到嘉慶元年（1796）改為10擔，進貢品種有普洱小茶、普洱女兒茶、普洱蕊茶、普洱茶膏等。每年派官員支庫銀到思普區採辦就緒後，由督轅派公差押運。道光十八年（1838），道光帝賜給「車順號」主人、例貢進士車順來「瑞貢天朝」的匾額，這是普洱茶接受皇朝的最高榮譽。

南道：南亞通道，即通寮國、交趾（越南）、暹羅（泰國）、甘蒲（緬甸）東南亞諸國，也可經緬甸到印度、尼泊爾、不丹的國際「茶馬古道」。據宋代楊佐《雲南買馬記》記載：「大雲南驛前有《里堠題》，東至戎州、西至身毒國，東南至交趾，東北至成都，北至大雪山，南至海上，悉著其道之詳。」文中記載的「交趾」即越南，「身毒」即「天竺」（今印度），說明中國西南滇、川、藏三省份與東南亞諸國早在唐宋時已有交往。明清以來，由於思普地區普洱茶興盛，這條道則成為茶葉貿易之路。從滇南出思茅、車里至海外的「茶葉之路」或茶馬古道已形成，印度、緬甸、暹羅（泰國）、寮國、柬埔寨、越南等國的商人均往來西雙版納、思茅、普洱販運茶葉。這時滇南的元江、石屏、建水、開遠、蒙自等城市興起，成為茶馬古道上的重要城市和交通樞紐。

以上三條路線，為中國學術界公認的茶馬古道。但中國西南地區因山高路險，道路崎嶇，現代化、高等級的公路和鐵路是近二十年來才在滇、川、藏出現，並被各族人民稱為「天路」；具有歷史和策略價值的，因「茶馬互市」而興起，因邊茶貿易而開通的古茶道運輸線，僅僅以上三條而已。

第二節

川藏茶路崎嶇艱險

青藏高原素有世界第三極之稱。境內山勢縱橫、河流湍急、地質複雜、氣候多變。當地流行這樣一首民謠形容惡劣天氣：「正二三，雪封山；四五六，淋得哭；七八九，稍好走；十冬臘，學狗爬。」歷史上的川藏大道不過是寬1公尺～3公尺的爛石路，坡陡路滑、崎嶇難行。從雅安到打箭爐（康定）的南北兩條路全程僅280公里，今天汽車交通2小時就可到達，而過去全靠人背馬馱，要走15～20天。

雅安、邛崍、名山生產的南路邊茶，歷史上主要由小路經天全（碉門）翻二郎山，經嵐安、瀘定、煤氣溝到康定。由於山路陡峭，懸岩絕壁比比皆是，茶包只能由人力背運。對於人力背運的工人，當地稱「背夫」、「背腳子」。他們絕大多數是來自雅安、天全、瀘定等地的貧苦農牧民。據雅安老人回憶，從明清直到1954年（川藏公路通車），雅安城內每天有上千人靠背茶包維持生活。茶行發貨以「引」為單位，一引為5包，共50公斤。背夫則按自己體力每次背15～20包，十餘歲的小孩或婦女則背5～10包，每天可以行走15公里，沿途有驛站和旅店（雞毛店），須16～20日抵達康定。由於山高路陡，經常發生背夫暴斃或墜岩事件，至今康定大風灣萬人坑還埋葬著不少半路暴斃的背夫屍骨。

而雅安、榮經生產的邊茶由另外一條大路運送至康定，即從雅安→榮經→凰儀堡→大相嶺→清溪→泥頭（宜東）→化林坪→沈家渡→磨西→雅安埧→康定。所謂「大路」也是寬不過三公尺的爛石路，除了人背，騾馬亦可通行，古稱「九尺道」。

九尺道第三段是由康定到拉薩，也有南北兩條路，全程2 500公里：南路經雅江、理塘、巴塘、芒康、察雅、昌都、恩達、碩督、嘉黎、太昭等地直至拉薩，其間有驛站56個；北路由康定經泰定、道孚、德格、同普，至昌都與南路合道，再達拉薩。由於康定到拉薩氣候更加惡劣，路途漫長艱險，藏商在康定購好茶葉後改用牛皮包裝，以避運輸中風雪的侵襲，然後由騾幫和氂牛運輸。騾幫牛馬成群，氂牛沿途以草為食，馱隊均備有武器自衛，並攜帶帳篷隨行，宿則架帳炊餐，每日行程僅二三十里。若遇大雪封山，垮岩斷路，行程便更遲緩。從康定到拉薩的馱隊，運輸時期長達10個月甚至1年以上，在這段路上氂牛和騾馬幫多達數十個，多為藏商的官商、寺廟商和土司商、頭人商所經營，帶頭人稱「馬鍋頭」。

歷史上，在川茶和印度茶葉的競爭中，運輸成本高是川茶弱點。邊茶價格昂貴，使廣大藏族人民無力消費。到解放前，在西藏地區，只有中產之家才能享用品質上等的如芽細、毛尖等邊茶，一般貧苦牧民連最粗老的「金倉」之類磚茶也不易喝到，於是，藏族農牧民十分珍惜邊茶，飲用前熬了又熬，有的連茶葉渣也一齊吃掉。

第三節

青衣江畔磚茶香

由於雅安茶歷史上主銷四川甘孜、康定和西藏，習慣稱為南路邊茶，其種類包括用細嫩原料經渥堆、發酵壓製而成的芽細、毛尖以及較粗老原料經渥堆、發酵、蒸壓而成的康磚、金尖等。這種緊壓茶外形色澤褐潤，陳香馥郁，湯色紅亮，滋味醇和，經久耐泡。藏族聚居區稱為「大茶」，內銷則稱「藏茶」。

但在歷史上，四川邊茶生產由於帶有明顯的專賣色彩，歷代統治者都十分關注，制定了嚴格的「茶法」，茶商須按照「引岸制」的規定，定向採購與銷售茶葉。史料記載顯示，宋代及明中葉以前，大部分川茶運入陝西轉銷甘肅、青海和寧夏一帶；明代中葉以後，由於湖南黑茶大量湧入，川茶開始主要銷往拉薩、康定（南路邊茶）及松潘、金川（西路邊茶）一帶，其數量相當於川茶總產量的90%。據資料統計，明代200餘年間，以川茶向西蕃換購馬匹達70萬匹，按每匹馬平均換茶42.5斤計算，入藏川茶達2 975萬斤。

至於邊茶的流通，清代以來，茶販經營日漸活躍，他們深入山區農村採購原料送雅安付製，經藏商轉運藏族聚居區銷售，商業環節一直比內銷茶多。據調查，南路邊茶商貿環節有八道，即茶農→茶販→生產商→茶

店→鍋莊→藏商→小藏商→消費者。由於商業環節多，加上長途運輸，以致康定和拉薩的茶葉價格，相差20倍以上。「爐茶市價一錢三分，至藏須購至二兩五六錢」。

　　中國從1950年2月開始，由政府執行「保證邊銷」政策，扶持邊茶生產，到1984年底全行業恢復自由貿易，歷時35年，大致經歷了政府扶持、加工訂貨、統購包銷、公私合營和定點生產等階段，到20世紀末，雅安南路邊茶業的改制基本完成。雅安邊茶生產和銷售量最高時達到一年1.5萬噸。

雅安茶廠的藏茶生產

　　至今，從山南牧場到藏北高原，從拉薩到日喀則各地，飲茶依舊是藏族人民一日三餐不可或缺的重要生活內容，平均每個藏族年飲茶量達到3公斤左右，寺廟內則高達4～5公斤。今天，無論藏族聚居區大小市場或小雜貨店，都可以買到來自四川雅安、宜賓等地生產的各種品牌的康磚和金尖茶，其銷量仍占西藏地區全部茶葉銷量的90%以上。

隨著茶區經濟的繁榮，邊茶生產也由政府統購包銷走向放開經營。調查統計，僅四川雅安、宜賓、樂山，就有邊茶製造廠30多家，政府定點廠也有10多家，從數量上保證了邊茶的市場需要，但部分企業的產品品質有問題，主要是小型茶廠任意簡化渥堆工藝、發酵生產工藝以及為加快資金周轉而縮短茶葉儲存時間，致使茶葉水浸出物含量下降（藏族稱「熬頭」不好），茶多酚氧化降解不完全。扎什倫布寺多布瓊活佛告訴筆者，該寺現有大小僧侶900人，其中60歲以上高僧大約200人，大多數有不同程度高血壓、冠心病、糖尿病等，這是過去沒有的現象。分析原因是近年來茶的用量少了，而酥油、鹽巴等的使用量未減，反而有所增加。減少茶葉用量最主要原因是茶葉發酵不足。筆者認為，西藏高原是一個嚴重缺氧的地區，也是中國高血壓病高發區之一，如果茶葉未經充分發酵，飲用後還原性茶多酚的氧化要增加人體內耗氧量，從而血液供氧不足，而酥油茶中用鹽量偏多也是引起高血壓原因之一。

第四節

川藏茶路「背二哥」

川藏茶路以雅安到康定一段在歷史上道路最崎嶇，氂牛、馬匹均無法通過。羊腸小道上茶葉的運輸全靠人力，背夫用雙腳把茶葉運到康定。在川藏茶馬古道上，雅安、漢源和滎經的昔年背夫，如今已成為年逾九旬的耄耋老人。

一、背夫勞務的緣起

背夫，當地人稱為「背二哥」。他們中，有的長年累月從雅安茶莊把磚茶直背康定，稱「長腳」；有的農閒時參與，從產茶之地背到中途宜東茶店，叫「短腳」。「背茶包」成為當地村民的謀生之道。在古代至少有70%的勞動力，以背茶包維持生計。他們是生活在最下層的勞苦大眾。報酬少不說，沿途還要遭受疾病、兵匪、野獸的襲擊。許多人倒下去就再也沒有站起來，可以說這條茶馬古道是用背二哥的身軀鋪成的。背二哥，大到六七十歲長者，小至八九歲的小夥計，還有娘子軍，浩浩盪盪成千上萬。他們「住的是麼店子；照明用的是亮壺子，灰暗無光；墊的爛蓆子，蓋的草簾子，睡倒逮蝨子；吃的火燒子（饃饃），外加豆菜子」，五文錢一碗的

豆花或酸菜湯，無鹽無味，要吃鹽還需自己帶；蒸饃煮湯還得自己幹。有一首山歌這樣唱道：「撐弓背架子像條蟲，十個背二哥九個窮；背子一百八，褲兒衣裳挽疙瘩。背子一百九，賺來養家口。」

川藏小道上的背二哥（劉波　圖）

二、背夫運茶的艱苦生活

　　在千里茶馬古道上，負重的背二哥總會上坡七十步，下坡八十步，平路一百一十步就要打拐歇氣（休息）；掌拐師統領一夥背夫，走在前面「叫拐」歇氣，他會根據這夥人所背茶包的輕重、體力的強弱、道路的情況，決定休息時間，處理突發事件，從而贏得眾背夫的信任。背夫們為應對長途艱苦跋涉，所使用的簡單工具如下：

　　丁字拐。作用在於歇氣（休息）、防身、治傷。拐子下面有一個拐墩子，長年累月在歇氣叫拐時，總要在堅固的石頭杵上三下，才能防止滑倒。走在後面的人因為暗冰路滑，總會把拐子打在前一個歇氣拄拐的地方，天長日久，在古道上鑿出一串串深深的拐子坑。「一盤拐子龍抬頭，打拐不打斜石頭，三拐兩拐安不穩，賺些癆病在心頭」，道出了打拐歇氣的辛酸。

　　汗刮子。用篾條製成，掛在胸前，既可代替毛巾手帕擦汗、刮汗，同時還可以擦癢。

　　撐弓背架子。與丁字拐是永不分離的「兄弟」，背架子用來裝磚茶，彎彎的像條蟲，壓得人喘不過氣。

　　從漢源縣九襄鎮出發，背百斤茶包進康定，來回要半個月，賺八元五角錢，當時僅能糊口。歌曰：「有女不嫁背二哥，頸項背長腳起皰，吃過多少涼茶飯，睡過多少硬床鋪。」「背子好背路難行，能變畜生不變人，二世做個官家女，太陽不曬雨不淋。」此外，茶馬古道沿途缺醫少藥，有不計其數的背夫得病無錢醫治，而命歸黃泉，出去就杳無音信。

第八章　解碼神祕「茶馬古道」

第五節

茶馬貿易的經紀人與商幫

一、茶馬貿易的經紀人——鍋莊

漢藏之間因語言不同，進行直接交流有一定困難，歷史上在茶馬貿易中有一種仲介組織，承擔了溝通商業資訊和漢藏商貿易往來的重要職能，這就是「鍋莊」。

鍋莊是康定特有的行業。據說「鍋莊」一詞，源於藏語「古曹」，意為「貴族代表」。歷史上康定鍋莊多達54家，他們大多來自明正土司的大小管家，專門為土司掌管經濟、商貿、放牧、養豬、種菜、差徭、歌舞。

「鍋莊」又類似大陸具有濃厚民族特色的貨棧。到康定從事貿易的藏商，分別與各家鍋莊有著穩定的主客關係，並不自由選擇。如鄧科、德格、白玉的藏商必須住白家鍋莊，瞻對藏商長住王家鍋莊，果洛藏商必須住木家鍋莊等。除非該鍋莊破產歇業，即使暫時歇業，一旦重新開業時，原來的主客關係又予恢復。其次，藏商在康定經商時期，其食宿均由鍋莊主人負責供給，主客猶如一家，關係十分親密。藏商銷售土特產和購買茶葉等活動，均委託鍋莊主人與漢商交易，成交後，鍋莊主人按總金額收2%～4%的「退頭」（即佣金），由於藏商的營業額往往數千元，鍋莊的

收入亦十分可觀。1940年康定鍋莊業鼎盛時還曾成立同業公會。而康定茶商要爭取買主，也千方百計巴結鍋莊主人，沒有鍋莊主人的牽線，茶商將一籌莫展。這就構成茶商與鍋莊的密切連繫，有的甚至互相通婚，建立姻親連繫，如康定木家鍋莊就與滎經姜姓茶商結為姻親。

西藏拉薩街頭買茶人

二、藏民家族商號——昌

在川藏茶道上，除了「鍋莊」的重要仲介組織作用，藏商中的家族商、寺院商和土司商等作用亦十分突出。

茶馬古道考察中，經常聽到人們提到「邦達昌」、「桑多昌」的名字，後來得知，所謂「昌」，藏語意為「家」，即商號之意，「邦達昌」就是邦達商行。其主人是芒康一家知名的大商家，是一個從販運茶葉的馬鍋頭起家的商人，叫邦達·疑江。達賴十三世曾親授其「捆商」特權，專利羊毛、黃金，其他人不得經營。他除經營黃金、羊毛，還經營茶葉、藏紅花、藥材、珠寶、綢緞、布匹以及英屬印度商品，其勢力範圍包括上海、北京、天津、重慶、昆明，以至印度加爾各答等，據稱在西藏是數一數二的大資本家，有財產千萬以上。

朝貢者的信仰

除了這些具有雄厚實力的大藏商，大多數藏族商人以經營茶葉為主。西藏商人擁有的第一桶金大多是以朝貢之名，到大陸購買茶葉從事經營活動而賺到的。商人在藏族社會，有特殊的社會地位，藏語稱為「充本」，具有官商性質。他們資金雄厚、實力甚強。清末駐藏官兵的餉銀，常常依賴官商從康定匯兌至拉薩，他們在糧餉不濟時也向藏商借貸。

三、茶馬古道上的商幫、行號

明清時期，由於茶葉流通實行「引票制」，各地茶商經營茶葉必須辦理「引票」營業，便催生了商會和行幫組織的出現。在四川邊茶產銷地，來自不同地區的商人們組成不同的利益集團，如陝西的稱陝幫，河南的稱河南幫，四川的稱川幫或渝幫。尤其大批陝商依靠元朝政治勢力進入四川並深入康區，躋身邊茶行業，逐步形成實力雄厚的「陝幫」。明嘉靖以後，又有一批陝商在雅安設「義興隆」等號，可見當時雅安市場的陝幫對茶葉的經營已有相當的規模。隨著邊茶集散逐漸西移，原本為不毛之地的康定，商業日益興盛，成為僅次於雅安的漢藏貿易的重要集散地。打箭爐在元明時期僅是一個小村。康熙三十九年（1700），四川提督唐希順派兵平定打箭爐營官殺死明正土司之亂，安撫了附近50餘部族；雍正初又設打箭爐廳，隸屬雅州，從此商業日益興盛。清初時打箭爐僅有4家鍋莊，到清中葉已發展到48家。南路邊茶銷往藏族聚居區的數量日益增加，銷藏邊引達108 000引，比明嘉靖時的19 800引增加了4倍多，成為邊茶發展史上的極盛時期。

在雅安、康定等主要邊茶產區，茶商還兼營原料採購、包裝運輸，這更需要雄厚的商業資本和經營管理網絡，所以明中葉四川茶區便出現了資本的萌芽。如松潘「豐盛合茶號」即擁有資金40萬兩銀。

1949年前各路茶商雲集康定，陝邦、川邦、滇邦共有茶號73家，據1930年統計，康定有茶號37家、雅安14家、滎經8家、天全12家、名

山2家。抗日戰爭時期，當地軍閥插手邊茶業，康定的邊茶市場亦日漸蕭條。

四、寺院商、土司商和藏民商

藏商還有寺院商、土司（頭人）商以及藏民商三種。其中，寺院商資本雄厚、勢力強，大昭寺、扎什倫布寺、大金寺、理塘寺都以經商顯赫於世，並透過貿易控制當地經濟命脈。拉薩大昭寺、日喀則扎什倫布寺內建築包括大型倉庫，其中儲存茶葉的倉庫多在1 000公尺^{2}以上。數以千擔的茶葉，除供祭祀和寺廟喇嘛之需，還用以供應廣大農牧民之需，所以拉薩、日喀則的寺廟商大多手上掌握著數量不菲的陳年老茶。

1937年以前，藏商主要運出黃金、白銀、羊毛、藥材、珠寶等，到康定購買茶葉，所運的土特品也銷售給其他商號換回黃金、白銀後，再與茶號交易。全面抗日戰爭爆發以後，藏族聚居區的土特產難於外銷，藏商由印度運入大量香菸、百貨等商品，在康定賒銷給各商號，作為茶葉的預購定金。因此當時不少藏商及邊茶商又淪為英屬印度物資的走私者。現在，西藏市場經濟蓬勃發展，藏族農牧民中許多人也紛紛投入商海，從事各種貿易或實業經營，在拉薩西藏朗賽茶廠扎平先生就是一位十分精明能幹的藏商，他在四川雅安辦茶廠，在拉薩開茶店銷售，年經營額均在3 000萬元以上，其磚茶幾乎遍布西藏各地。

大昭寺的送茶僧

第六節

茶馬古道茶俗

藏族飲茶的熬煮方式，通常要求「茶熬極紅」。傳統的熬茶法是很有講究的，在家中做茶時先要熬成濃茶汁。第一道茶開了就倒入一個固定的容器中，第二道要熬一定時間，之後一道和二道摻在一起用水瓢來回倒，加上鹽巴、酥油，再用酥油茶桶或打茶機反覆攪拌（均質）。寺院的僧人大都喜歡用茶桶打茶，而老百姓則把第三道茶渣在陽光下晒乾後作為第一道的茶墊再次熬煮。

在藏族地區，不論男女老少，人人皆飲，一日三餐，餐餐都離不開茶，每人每天喝茶多達2碗以上，很多人家把茶壺放在爐上，終日熬煮，以便隨取隨喝。不管是集鎮、農村、牧區或是寺廟，人們早炊的首要任務便是熬茶。藏族聚居區泛稱早餐為「喝早茶」，早茶的食品多為糌粑；牧區除糌粑外，還有乾奶渣，都是與茶相配的食品。糌粑或用手捏成團吃，邊吃邊喝茶；或在碗內

草地小憩時共飲酥油茶

先放糌粑，然後倒上茶，直至舔盡喝足，這種吃法叫舔「卡的」；若吃乾奶渣，則先在碗裡放上一些乾奶渣後，再倒入茶泡奶渣，食盡奶渣。

在藏族人民家中，也有每天清早給灶神敬茶的做法。對藏族家庭來說，一天任何時候都離不開茶，所以藏族人對茶具也很講究，家庭再差也不會用缺口的茶碗喝茶，一般喜歡用木碗喝，木碗分成好幾等，其中以阿里產最佳；也有些富裕戶，用銀製或鍍金的茶盤、茶架配精美的瓷碗。

一、到處酥油茶飄香

用酥油茶待客，是藏族的古老傳統。無論是走進牧民的帳篷、農民的泥土小屋，還是參觀古喇嘛寺、造訪貴族之家，主人總是打好芳香的酥油茶，請客人品嘗。倒茶時，先將茶壺輕輕搖晃幾次，使茶油勻稱，壺底不能高過桌面，以示對客人的尊重；主客之間的交談，往往從茶開始。給客人敬茶時，主人為了表示尊重，會用雙手把茶碗遞給客人。

在寺廟裡，酥油茶還是重要的供品。神龕上擺滿酥油和茶葉，倉庫中也堆滿善男信女們點點滴滴的心意。虔誠的教徒要敬茶，有錢的富人要施茶。他們認為，這是「積德」、「行善」。所

世界上最大的煮茶鍋
（現保存於甘孜藏族自治州理塘長青春科爾寺）

以，在一些大的喇嘛寺裡，往往備有特別大的茶鍋，鍋口直徑達1.5公尺以上，可容茶水數噸，在朝拜時煮水熬茶，供香客取喝，算是佛門的一種施捨。拉薩大昭寺、日喀則扎什倫布寺以及昌都的強巴林寺等，都有這樣的大茶鍋，其中強巴林寺鍋口直徑達3公尺，每次可煮供1500人的茶；日喀則扎什倫布寺的兩口茶鍋製於1447年，至今完好如初。

二、茶馬古道興起「紅茶館」

在茶館文化方面，21世紀以來，西藏地區也興起了一股「甜茶館熱」，人們聚會、聊天、休息喜歡到設施簡陋但人氣旺盛的甜茶館去，喝上一杯用雲南紅茶和奶粉製作的熱甜奶茶，達到休閒和鬆弛身心的目的。

在拉薩，也有能喝到綠茶、烏龍茶的茶館，但絕大多數茶館是甜茶館。很多人在去寺廟參拜神佛的途中或在工作間隙，會到甜茶館喝一杯茶或用餐。因此，從早晨開門營業到下午5點左右打烊，甜茶館都很熱

拉薩街頭的甜茶館

鬧。在甜茶館,「能見到熟人」,「能打聽到有一陣子沒見面的熟人的資訊」,「能了解到失去聯絡的熟人的下落」,「來這裡已成慣例」,「來這裡能與形形色色的人交談」,等等,人們將甜茶館作為收集資訊、交流思想的場所。

此外,現代化的酒廊、茶樓、咖啡吧以及各類奶茶飲料,近年也快速進入西藏青年僧侶和普通人民的生活。在週末的拉薩八廓街、布達拉宮廣場以及各地市的休閒娛樂中心,你都可以看見人們一邊欣賞著藏式歌舞,一邊品嘗著時尚的珍珠奶茶。西藏這一神祕的土地,如今也融入了多元茶飲文化,人們以包容、開放的心態接納著來自世界各地的新鮮事物。

西藏布達拉宮遠景

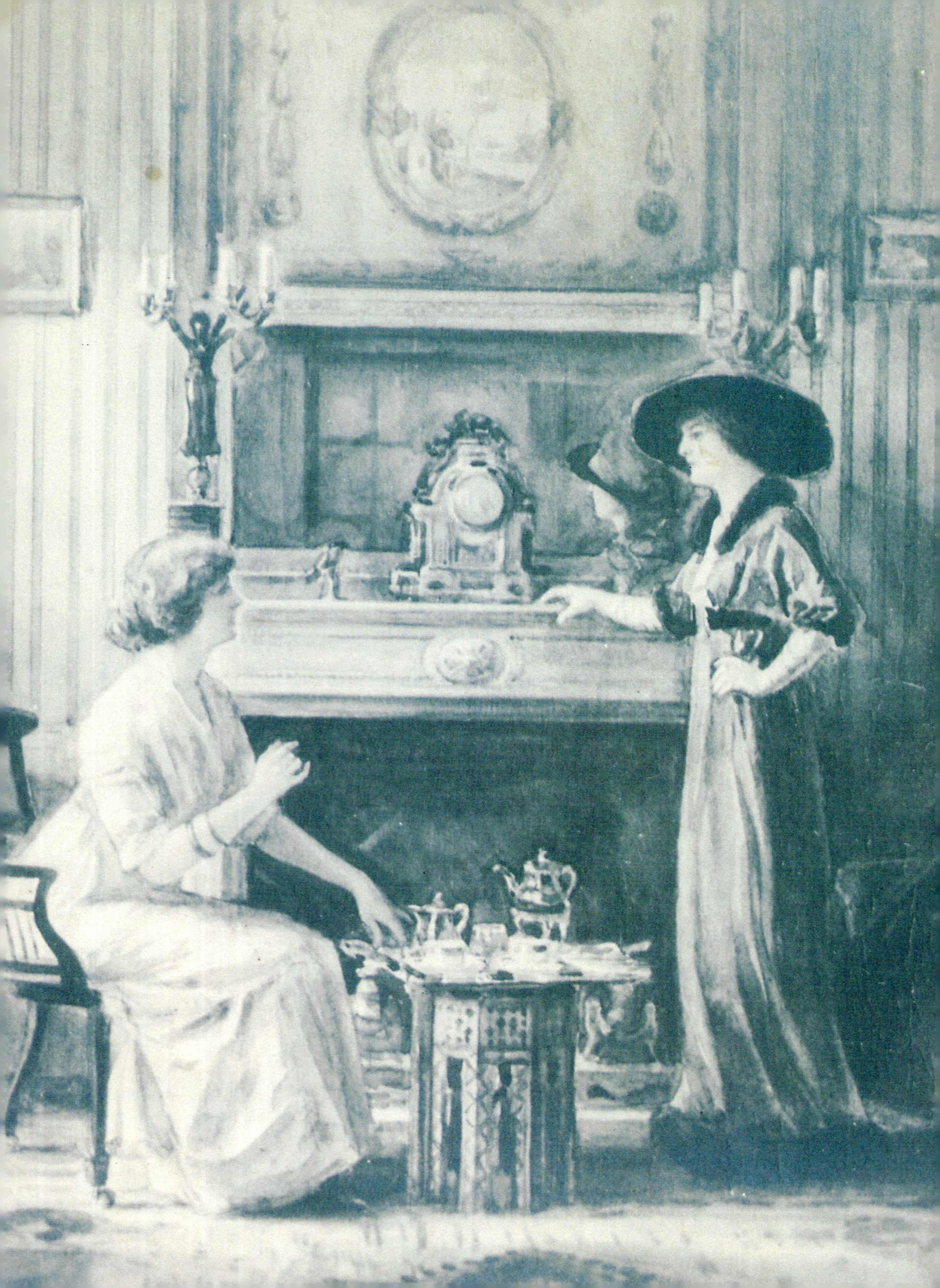

第九章 / 神州一葉香寰宇

現已有60多個國家和地區實現人工種茶，160多個國家和地區人民普遍飲茶，茶葉成了惠及40多億人的大眾化健康飲料。正如英國著名科學史專家李約瑟（Joseth Lee）所說：「茶是中國貢獻給人類的第五大發明。」

第一節

茶入東鄰傳禮道

中國茶何時開始流行於國門之外？最早可以追溯至西漢年間。傳說西漢使臣張騫出使西域，在中亞諸國發現邛杖、蜀錦和茶，並認為是從四川，經雲南、緬甸、印度的「南絲綢之路」的貿易通道傳過去的。此外，5世紀時，中國茶傳入東鄰的朝鮮半島，今韓國釜山金海市開始種植茶樹，距今已有1 700多年的歷史。可見，人員交流、貿易往來促進中國茶輸往世界各地，已有2 000多年的歷史。由於地緣優勢，中華文化的對外傳播首先惠及周邊國家和地區，尤其是往來交通較便利的東鄰各國。關於中國茶正式輸出的最早文字記載，是在6世紀以後，茶葉首先傳到朝鮮和日本，隨後透過南北絲綢之路、萬里茶道和海上絲綢之路，傳到南亞、中東和歐洲，並於19世紀被英國人帶到非洲。

一、韓國茶禮根植儒學

早在新羅真興王五年（554年，魏孝文帝武定二年），即高麗三韓時代，在韓國智異山華岩寺，就有種茶記錄。又據韓國古籍《三國史記》卷十《新羅本紀》記載，新羅二十七代善德女王時（623），遣唐使金大廉由

中國帶回茶籽，種於地理山（今智異山）下的華岩寺周圍，後逐漸擴大到以雙溪寺為中心的各個寺院。但據民間傳說，韓國茶起源於5世紀末駕洛國首露王妃許黃玉從中國帶回茶種。許王妃為四川安岳人，與駕洛國王首露在東海之濱相遇，兩人一見鍾情，結為夫妻。許黃玉出嫁時帶去包括茶種在內的許多中國特產，後來這些茶種撒播於全羅南道智異山華岩寺附近。《三國史記》中還有山僧向國王獻茶的記錄以及4—5世紀聖王飲茶的故事。智異山和全羅南道河東郡花開村，至今仍保存著許多中國茶樹原種，生長繁茂。「花開綠茶」在韓國因品質優異，十分著名。

韓國茶祖許黃玉像

韓國是一個尊孔崇儒的國家，十分重視家庭倫理道德，並以茶禮規範家庭秩序、傳承傳統文化禮節。民間無論婚喪嫁娶、迎來送往、年節祭祀，均十分重視茶禮的應用。韓國茶文化將禪宗思想和人性教育融為一體，透過茶禮與茶具的闡釋，成為形而上學和形而下學完美結合的綜合藝術。

二、日本茶道緣起佛家

傳說在先秦時期（前3世紀），中國移民帶著農作物種子、生產工具和生產技術到達日本。如方士徐福以尋「長生不老」仙藥為名，帶著3 000名童男童女和500名技工到達日本，並「止王不歸」。5世紀，又有自

稱「秦始皇後裔」的秦氏一族，來到日本從事農耕、養蠶和紡織。但茶葉傳到日本，實則與佛教傳入日本的時間相同，這與日本向中國派遣遣唐使和留學僧制度有關。將茶葉引入日本首先是最澄、空海和永忠三位高僧。三位高僧在中國研習佛法同時，了解了寺廟的茶禮，學習種茶、烹茶及品飲禮儀，並把「佛堂清規」一道帶回日本。

　　最澄（762—822），日本近江滋賀人。12歲出家，20歲在奈良東大寺戒壇院受戒。後在京都比睿山結庵修行。他在研讀鑑真和尚從中國帶去的《天台宗章疏》的過程中，萌發了對天台宗的極大興趣。為徹底究明宗義，最澄奏請天皇赴唐求法，後被准予到浙江天台寺短期留學。

　　805年春最澄返回日本前，台州刺史陸淳為他餞行，以茶代酒，組織了一場名副其實的茶會。台州司馬吳顗為此茶會撰寫《送最澄上人還日本國序》一文：「三月初吉，遐方景濃，酌新茗以餞行，勸春風以送遠。」此時正是天台山採新茶的時節。以茶餞行，既尊重佛教的戒規，又展示了天台山茶文化的風貌。

　　最澄自中國帶回經書及影像、法器等，創建了日本天台宗，同時還把從天台山帶回的茶籽播種在位於京都比睿山麓的日吉神社，結束了日本列島無茶的歷史。至今，在日吉神社的池上茶園，仍矗立著「日吉茶園之碑」，碑文中記有「此為日本最早茶園」。

最澄禪師像

　　與最澄同船來中國留學的還有一位空海弘法（774—835）。空海與最澄一起被譽為日本平安時代新佛教的雙璧。最澄對空海的學識十分尊重。806年，空海回日本時帶回茶籽並獻給了嵯峨天皇。時至今日，在空海回國後住持的奈良宇陀郡的佛隆寺裡，仍保存著由空海帶回的中國唐代碾茶用的石碾及空海開闢的茶園。

日本茶道點茶（1920年日本郵政明信片，劉波　圖）

　　永忠則是在陸羽《茶經》撰成之後，傳達中國唐朝最新文化資訊的使者。除了將新興的密教文化帶回日本，還帶回了中國的茶籽、茶餅、茶具。此外，永忠飲茶模仿陸羽煎茶法，且他的茶詩與中國茶詩相似，可見《茶經》與中國當時流行的飲茶詩也由最澄、空海、永忠等人一並帶回了日本，並形成一股「弘仁茶風」。由此奠定了宋代以後日僧榮西、村田珠光、南浦紹明及千利休等，以禪宗楊岐派僧人劉元甫創立的《茶堂清規》為理據所建立的日本茶道雛形。

第二節

葡荷輸茶入歐記

　　阿拉伯人早在16世紀以前就把茶葉經由威尼斯傳到歐洲。不過將茶作為商品引進歐洲的，仍應歸功於葡萄牙人和荷蘭人。憑藉發達的航海事業，1514年葡萄牙人首先打通到中國的航路，並在澳門開始和中國進行海上貿易。

東印度公司飛剪船（1867年英國鋼版畫，劉波　圖）

一、葡人把茶帶入歐洲

　　1557年，葡萄牙在中國取得澳門作為貿易據點，其間，商人和水手攜帶少量的中國茶回國。1559年威尼斯作家拉穆斯奧在《航海旅行記》中曾記載中國茶，為歐洲文學作品中首次出現「茶」的用語。

　　猶如佛教僧侶大力引茶到韓國、日本一樣，耶穌會教士也在茶的傳播方面發揮了作用。他們來中國傳教，見識了茶這種飲料的療效，如獲至寶地帶回葡萄牙。1560年，葡萄牙傳教士克魯茲撰文專門介紹中國茶，形容「此物味略苦，呈紅色，可治病」；而威尼斯教士貝特洛則說：「中國人以某種藥草煎汁，用來代酒，能保健防疾，並且免除飲酒之害。」早期，茶從東方進入歐洲時，是以具保健功效的神祕飲料出現，價格昂貴，只有豪門富商才享用得起。英國皇室成員對茶的狂熱吹捧，使其在英國居重要地位，更為飲茶塑造了高貴的形象。

　　在歐洲茶風的提倡中，首先必須提及1662年嫁給英王查理二世的葡萄牙公主布拉干薩的凱薩琳（Catherine of Braganza, 1638—1705），人稱「飲茶皇后」。她雖不是英國第一個飲茶的人，卻是帶動英國宮廷和貴族飲茶風氣的開創者。她陪嫁的茶葉和陶瓷茶具，以及她沖泡的茶和飲茶方式，在貴婦社交圈內形成話題並深獲喜愛。在這樣一位雍容高貴的王妃以身示範下，飲茶成為風尚，並在英國上層階級流行。

飲茶皇后布拉干薩的凱薩琳

　　英國人飲茶吹捧的是中國茶，並非僅僅紅茶。至今英國人仍喜飲福建小種紅茶、茉莉花茶、烏龍茶、祁門紅茶及普洱茶等。

　　18世紀初在位的安妮女王，也以愛茶著名。她不但在溫莎堡的會

客廳布置了茶室，邀請貴族共赴茶會聚會，還特別請人製作銀茶具組、瓷器櫃、小型易移式桌椅（茶車）等；這些器具高雅素美，呈現「安妮女王式」的藝術風格。英式「下午茶」的流行也與安妮公主提倡有關。

　　1602年，荷蘭東印度公司成立；1610年，東印度公司將從中國、日本買的茶葉集中於爪哇，然後載回國，正式開始為歐洲引進大批綠茶及陶瓷茶具。1650年，荷蘭又輸入中國紅茶到歐洲。

　　茶葉初傳入荷蘭時，放在藥鋪裡和香料一起發售，商人們宣傳它為靈丹妙藥。飲茶在荷蘭人的推動下日漸風行，茶葉也成為一項重要的商品，並因此掀起荷、英之間的貿易戰。

　　1665—1667年爆發了第二次英荷之戰，英國再度獲勝，取得貿易上的優勢，漸漸壟斷茶葉貿易權。1669年，英國政府規定茶葉由英國東印度公司專營，從此，英國東印度公司由廈門收購的武夷紅茶，取代綠茶成為歐洲飲茶的主要茶類。

二、老牌帝國鍾情茶飲

　　英國早期以「rha」稱呼茶，但自從廈門進口茶葉以來，即依閩南語音稱茶為「Tea」，又因武夷茶茶色黑褐稱「Black Tea」。此後，英國人關於茶的名詞多用閩南語發音，如稱最好的紅茶為「Bohea Tea」（武夷茶），稱工夫紅茶為「Congou Tea」。

　　18世紀以前，英國人在中國是以西歐人的形象出現的，但是，他們是茶的積極推廣者。從4世紀開始，人們就在雷諾（Reinaud）翻譯的《編年史系列》中讀到：「（中國的）皇帝在種類繁多的豐富礦產中，只在鹽和一種需要在熱水裡泡了以後飲用的植物上給自己保留了特權。人們在所有的城市出售這種植物，獲得巨額的利潤，它被稱為茶，葉子比三葉草多，聞起來很芳香，但是有一種苦味。水煮開了以後，人們把它倒在這種植物上，這種飲料在任何情況下都是有益的。」

三、浪漫法國視為「聖物」

茶是從荷蘭運到法國的。在1648年3月10日吉·帕坦（Gui Patin）寫給里昂的斯邦（Spon）博士的一封信中提道：

> 下週四，我們這裡有一篇論文要答辯，很多人都抱怨做得不好。它的結論是：「因此，中國茶可以讓人感覺舒適。」但是在論文的其他部分一點都沒有涉及。我已經和這個人說過，chinensium 不是拉丁文，托勒密、克呂韋修斯（Cluverius）、約瑟夫·斯卡利傑（Joseph Scaliger）和所有寫過中國（Chine，這個詞在法文中是個貶義詞）的作家們，在作品中都用 sinenses, sinensium 或者 sina, sinarum。這個幽默又無知的傢伙卻告訴我說，他的手頭有一些作家都用 chinenses，那些人可比我舉例的作家有名得多。我懷疑他的那些作家沒有一個是像樣的。我想這個人寫這篇論文並不是真的研究茶這種植物，而只是為了向我們的總理大人獻媚而已。

但在整個17世紀後期，西歐和北歐出現了大量介紹中國茶功效的宣傳冊。丹麥國王的御醫菲利普·西爾威斯特·迪福（Philippe Sylvestre Dufour）、佩奇蘭（J.N.Pechlin）以及巴黎醫生比埃爾·佩蒂（Pierre Petit），是主要的吹鼓手，他們的很多文章、論文和詩頌揚茶的功效。甚至有崇拜者把它稱為「來自亞洲的天賜聖物」，是能夠治療偏頭痛、痛風和腎結石的靈丹妙藥。

19世紀法文茶葉廣告

第三節

中國茶與美國獨立戰爭

1620年，一批來自英國的清教徒在麻薩諸塞州定居，兩年後他們向印第安人購買曼哈頓島，取名為新阿姆斯特丹。當時他們即向荷蘭東印度公司進口茶葉。到了1664年，新阿姆斯特丹城為英軍所佔領，並改名為紐約，自此英國壟斷了美國的茶葉貿易，使美國人也承襲了英國人喝茶的習慣。17世紀末，波士頓賣起中國茶。英國統治者趁機提高茶葉稅，使美國不堪重負。

為了抗議英國提高「紅茶稅」，1773年12月16日，一群激進的波士頓人民喬裝成印第安人，爬上英國東印度公司商船並將342箱中國茶拋入海中。毀掉的茶葉數量巨大，包括武夷紅茶、松蘿綠茶、熙春綠茶、工夫紅茶、小種紅茶等。

關於這一舉世震驚的波士頓傾茶事件，約翰‧亞當斯在日記中寫道：「愛國者們在上一次的奮力反擊中展現出的尊嚴、威嚴和崇高，令我非常敬佩。」

1773年12月23日《麻薩諸塞時報》記道：

美國波士頓傾茶事件（1906年美國郵政明信片，劉波　圖）

> 這些人在拋掉達特茅斯號船上的茶葉後，又登上布魯斯和考菲船長的船，不到三個小時，便將船上所有的茶葉共計342箱完全毀壞，並扔到海裡，動作相當迅速。漲潮時，水面上漂滿了破碎的箱子和茶葉，自城市的南部一直綿延到多徹斯特灣。

英國議會立即採取了高壓政策，通過了封鎖波士頓港的議案，並變更麻薩諸塞州的法律，以後市議會議員不再由人民選舉，而改為市長任命。因茶而起的波士頓傾茶事件，成為美國獨立戰爭的導火線。

第四節

大盜福鈞偷茶入印

　　18世紀中期以後，英國對茶葉的需求迫切，但與中國通商又有種種限制，因此英國東印度公司致力在殖民地印度試種中國茶樹。1833年英國開放國內市場以後，茶葉需要急劇上升，遂在印度大量種植鴉片售給中國，借以平衡支出。對於1840年鴉片戰爭的爆發，茶可以說是一大關鍵因素。

　　後來，東印度公司派間諜潛入中國，偷運茶種、茶苗至印度大吉嶺植茶並獲成功。這位間諜就是英國皇家植物園溫室部負責人，被世人奉為「在中國人鼻子底下竊取茶葉機密收穫巨大」的冒險家羅伯特・福鈞（Robert Fortune，1812—1880）。

　　福鈞受東印度公司的派遣，於1848年6月20日前往香港。英國作家佩雷爾施泰因從保存在英國圖書館裡的東印度公司檔案中發現了一份「命令」，這道命令是英國駐印度總督達爾豪斯侯爵1848年7月3日發給福鈞的。命令說：「你必須從中國盛產茶葉的地區挑選出最好的茶樹和茶樹種子，然後由你將茶樹和茶樹種子從中國送到加爾各答，再運到喜馬拉雅山。你還必須盡一切努力應徵一些有經驗的種茶人和茶葉加工者，否則我們將無法進行在喜馬拉雅山的茶葉生產。」福鈞毫不猶豫地充當起了間諜角色。

1848年9月，福鈞抵達上海，當時由於中國人對歐洲人很敵視。在這種情況下，福鈞必須混入當地人民中而不被認出來。因為福鈞身高1.8公尺，具有英國人的膚色。他弄了一套中國人穿的衣服，按照中國人的方式理了髮，加上了一條長辮子，然後前往盛產綠茶的黃山。在此次中國之行，他到過浙江、安徽和福建武夷山。

　　1848年12月15日，福鈞在寫給英國駐印度總督達爾豪斯侯爵的信中說：「我高興地向您報告，我已弄到了大量茶種和茶樹苗，我希望能將其完好地送到您手中。」據統計，福鈞偷走茶種180擔、茶苗10 000餘株，擄走茶師十餘人。

羅伯特・福鈞眼中的武夷山紅茶產區
（圖引自《兩訪中國茶鄉》）

　　2000多年來，茶從讓人懷疑與恐懼的「小樹葉」，變成流行世界且產量僅次於瓶裝水的大飲料，走過了坎坷曲折的道路，發生了許多驚心動魄的故事。茶已經成為最受歡迎、最讓人放心的大眾健康飲料。2020年，世界茶葉消費量已達600萬噸，並以3%的年成長率增加。

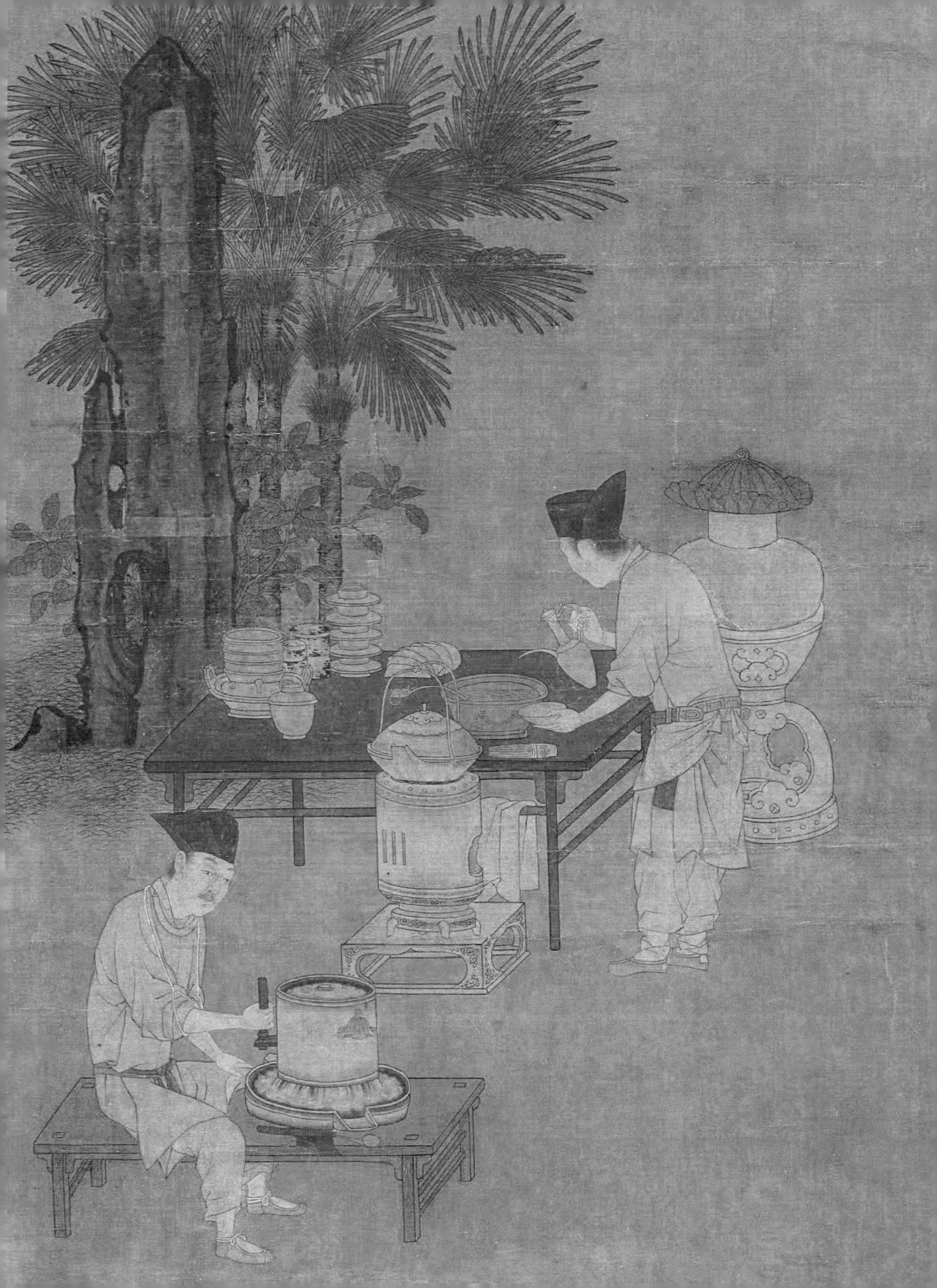

第十章 / 溫故知新　創造未來

> 茶之為用，味至寒，為飲最宜。精行儉德之人，若熱渴、凝悶、腦疼、目澀、四肢煩、百節不舒，聊四五啜，與醍醐甘露抗衡也。
>
> ——陸羽《茶經》

第一節

古代茶學　陸羽稱聖

《茶經》是中國歷史上也是世界範圍內的第一部茶書，作者陸羽因此被後人尊稱為茶聖。

一、事茶一生

陸羽（733—804），字鴻漸，一名疾，字季疵，復州竟陵（今湖北天門）人。幼為棄嬰，被龍蓋寺住持智積禪師收養。長大後不肯學佛，聲稱：「終鮮兄弟，無復後嗣，染衣削髮，號為釋氏，使儒者聞之，得稱為孝乎？羽將授孔聖之文，可乎？」雖然師父以掃地、牧牛責罰他，而陸羽仍勤奮自覺地「學書以竹畫牛背為字」。離開龍蓋寺後，陸羽雖相貌醜陋且有口吃，但因善辯且十分幽默，成了一名優伶。後遇到了如李齊物、崔國輔這樣的伯樂，從此踏上了習茶之路。

陸羽成年後，專心事茶，先後遊歷考察過湖北、湖南、四川、陝西、河南、江西、安徽、江蘇、浙江等地，歷經安史之亂、劉展反叛等戰亂之苦。其間，陸羽跋山涉水，鑿井汲水，品茗煮茶，還開荒種茶，造茶鑑茗。在皇甫冉《送陸鴻漸棲霞寺採茶》、皇甫曾《送陸鴻漸山人採茶回》

詩中，陸羽是一個「千峰待逋客」的隱逸形象。同時，陸羽搜集了大量茶事資料，為《茶經》的撰寫打下了基礎。

陸羽喜好交遊，待人誠懇，與詩僧皎然、書法家顏真卿、隱士張志和等人往來。陸羽於唐上元元年（760）應皎然之邀，移居湖州，先寄居於杼山妙喜寺。二人一同品茗賞月，結下了深厚友誼，其自傳讚為「緇素忘年之交」。皎然亦對陸羽特別關愛，在事業上、生活上、精神上給予陸羽全身心的支持，作詩《飲茶歌誚崔石使君》，云「孰知茶道全爾真，惟有丹丘得如此」，宣揚陸羽的茶道理念和「陸氏茶」的飲茶規範。

茶聖陸羽塑像

唐建中二年（781），陸羽被朝廷詔拜太子文學，旋徙太常寺太祝，但他卻並未赴任。「不羨白玉盞，不羨黃金罍。不羨朝入省，不羨暮入臺。千羨萬羨西江水，曾向竟陵城下來。」這首《六羨歌》體現了陸羽淡泊名利的情懷。但這並不代表陸羽不關心社會，他以「陸氏茶」與「伊公羹」對照，積極倡導飲茶生活，宣揚茶道精神，認為茶可以移風易俗，促進社會和諧。

二、中華茶道的奠基人

「茶道」一詞，始見於詩僧皎然《飲茶歌誚崔石使君》一詩。在陸羽的《茶經》和其他著作中皆未提及「茶道」二字。但我們從歷史事實中發現，「茶道」的奠基者非陸羽莫屬。

陸羽撰寫《茶經》三卷，提出了「陸氏茶」的品茶規範。卷中「茶之器」，從風爐到都籃詳列了烹飲之「二十四器」，並制定了一整套飲茶規則及品質鑑定的標準。實際上，陸羽在這裡已經結合茶的利用，為中華茶道及其核心價值做了正確的定位。

唐大曆九年（774），陸羽參加了顏真卿組撰《韻海鏡源》的編寫工作，從中輯錄古籍中大量唐代以前的茶事歷史資料，使其能夠在《茶經・七之事》中收錄了比較完備的歷史資料。作為陸羽的忘年交，皎然對《茶經》及陸文學本人有著深入的了解。他在《飲茶歌誚崔石使君》一詩中盡情讚頌剡溪綠茶「素瓷雪色縹沫香，何似諸仙瓊蕊漿」的同時，高屋建瓴地指出飲茶在精神上的飛躍與昇華，「一飲滌昏寐，情思爽朗滿天地。再飲清我神，忽如飛雨灑輕塵。三飲便得道，何須苦心破煩惱」。

宋代改「煮茶」為「點茶」，宋徽宗將茶道發展到了極致。煩瑣的製茶、點茶程序，名目眾多的「鬥茶」和「分茶」遊藝茶事有浪漫主義之風，「鬥茶味兮輕醍醐，鬥茶香兮薄蘭芷」、「二者相遭兔甌面，怪怪奇奇真善幻」等詩句都是對當時場面的生動反映。

明清時期，中國茶道儀式簡化，追求閒適雅趣成為重點，品茗賞器成為茶道的重要內容，人們更加追求品茶過程中心靈的超升。文人墨客在品茗中尋求返璞歸真、天人合一的神仙境界。許次紓《茶疏》中談到烹茶：「乳嫩清滑，馥郁鼻端。病可令起，疲可令爽。吟壇發其逸思，談席滌其玄襟。」這充分顯示明代雅士更加重視飲茶對提神益思中色香味的追求。清代後期，由於戰爭不斷，民生亦衰，「茶道」漸漸淡出中國人的視野。而以茶祭祀、以茶交友、以茶待客、以茶養生，仍在民間流行，有唐以來中國人在茶飲過程中所追求的精神仍保留如初。

第二節

陸羽《茶經》 傳為經典

一、《茶經》其書

《茶經》三卷十章，共7 000餘字。卷上分《一之源》、《二之具》、《三之造》，卷中為《四之器》，卷下分《五之煮》、《六之飲》、《七之事》、《八之出》、《九之略》、《十之圖》。《茶經》涉及茶葉的各個方面，其體例科學、完備，是中唐茶學的一次高度總結，也是陸羽茶學思想的精髓所在。

（一）《茶經》卷上

《一之源》言茶之本源、植物性狀、名字稱謂、生長環境、種茶方式及茶飲的功用以及精行儉德之性。開篇第一句「茶者，南方之嘉木也」，既點明了茶樹的原產地，又指出了茶樹的優良品質，即後文闡發的「茶之為用，味至寒，為飲最宜。精行儉德之人，若熱渴、凝悶、腦疼、目澀、四肢煩、百節不舒，聊四五啜，與醍醐、甘露抗衡也。」陸羽也客觀地認識到茶葉「採不時，造不精，雜以卉莽，飲之成疾」，以及茶因品種、產地等不同而產生的複雜性。

《二之具》敘述採製茶葉的用具尺寸、質地和用途，其用具多以竹、

木、鐵、石為之，富有自然生態的意味，如籯，以竹織之；承，以石為之，或者以槐桑木半埋地中。

《三之造》論採製茶葉的適宜季節、時間、天氣狀況以及對原料鮮葉的選擇、製茶的七道工序：採茶、蒸茶、搗茶、拍茶（拍打入模）、焙茶、穿茶，最後封藏。另外，又述及成品茶葉的品質鑑別，特別指出茶葉品質鑑別的難處與態度，「皆言嘉及皆言不嘉者，鑑之上也」，即全面、客觀地品鑑茶葉。

A.採茶　　B.蒸茶　　C.搗茶
D.拍茶　　E.焙茶　　F.穿茶

唐代蒸青餅茶製作流程（易磊　繪）

　　《茶經》詳細介紹早期蒸青綠茶工藝流程中所需的15種工具的名稱、規格和使用方法，總結了採製茶的原則，闡述了茶葉初製工藝和成品餅茶的外形與鑑別。陸羽開創了中國蒸青綠茶規範製造與審評的新時期。

(二)《茶經》卷中

《四之器》記煮飲茶器具的使用，體現著陸羽以「經」命茶的思想，風爐、鍑、夾、漉水囊、碗等器具的材質使用與形制設計，科學、講究。其中，風爐三足上刻的古文，云：「坎上巽下離於中」、「體均五行去百疾」、「聖唐滅胡明年鑄」，則體現出陸羽五行協諧的和諧思想、入世濟世的儒家理想及對社會安定和平的渴望。而陸羽在關注世事的同時，又滿懷山林之志，是典型的中國傳統人文情懷。在飲茶用「碗」的選擇上，注重瓷器的質感與色調相合，並映襯茶湯，使之符合當時審美的色澤效果。

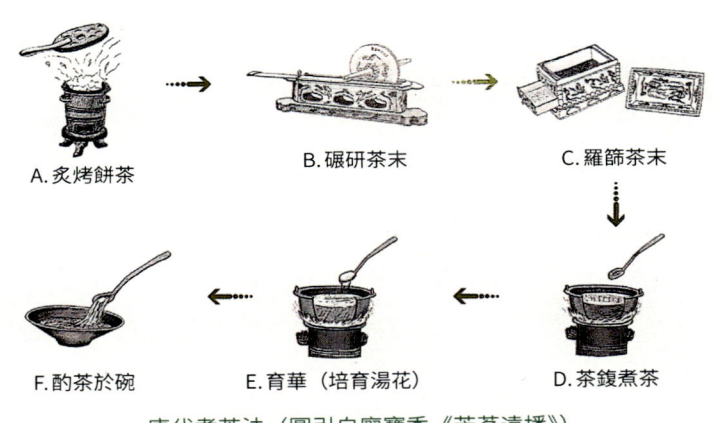

A.炙烤餅茶　B.碾研茶末　C.羅篩茶末
F.酌茶於碗　E.育華（培育湯花）　D.茶鍑煮茶

唐代煮茶法（圖引自廖寶秀《芳茗遠播》）

(三)《茶經》卷下

《五之煮》介紹煮茶程序及注意事項，包括炙茶碾茶、宜火薪炭（其火，用炭，次用勁薪）、宜茶之水（其水，用山水上，江水中，井水下）、水沸程度等，從中可見對炭、水、火候的講究細微精緻。同時，湯花之育、坐客碗數、乘熱速飲等方面也有要求。

煮茶時要培育湯花，即茶湯上的浮沫。湯花有厚薄，陸羽用自然之物譬喻，如青萍、浮雲、青苔、菊英、積雪比擬，變幻中見時人事茶的審美眼光。

「茶性儉，不宜廣」，飲茶講求儉約之道，喝茶的碗數與客數並不對等：「坐客數至五，行三碗；至七，行五碗」，即茶客五人，只煮三碗，若七人的話，也只煮五碗，為的是求一碗珍鮮馥烈的茶，即飲茶突破了解渴的需求，上升到對茶湯美的感知。

《六之飲》強調茶飲的歷史意義由來已久，區分除了鹽不添加任何物料的單純煮飲法與夾雜許多其他食品淹泡或煮飲的區別，認為雜以蔥、薑、棗、橘皮、茱萸、薄荷諸物的茶，為「溝渠間棄水」，強調茶的真香、本味與本色。同時，認為飲茶者只有排除克服飲茶所有的「九難」，即「一曰造，二曰別，三曰器，四曰火，五曰水，六曰炙，七曰末，八曰煮，九曰飲」，才能領略茶飲的奧妙真諦。

《七之事》詳列歷史人物的飲茶事、茶用、茶藥方、茶詩文以及圖經等文獻對茶事的記載，表現了茶與祭祀、修煉、養生、儉德之間的關係。其中，提到的陸納、桓溫、蕭賾等人，以茶為素業，倡導儉德精神。

《八之出》列舉當時中國各地的茶產，分為山南、淮南、浙西、劍南、浙東、黔中、江南、嶺南等地，可謂足跡遍布中國南方大部分地區，並品第其品質高下。而對不甚了解茶區，如思、播、費、夷、鄂、袁、吉、福、建、韶、象等十一州，則客觀地說道「未詳」，言「往往得之，其味極佳」，顯示了他言必有據的科學態度，極富實證精神。

《九之略》列舉在野寺山園、瞰泉臨澗等環境下種種可以省略不用的製茶、煮茶、飲茶的用具，體現陸羽的林泉之志以及茶事的靈動旨趣。同時，陸羽也強調「但城邑之中，王公之門，二十四器闕一，則茶廢矣」，因為只有完整使用全套茶具，並體會其間包含的思想規範，茶道才能存而不廢。

《十之圖》講要用絹素書寫《茶經》，張掛在平常可以看得到的地方，營造一種文化氛圍，使其內容目擊而存、爛熟於胸。

二、《茶經》的價值與影響

《茶經》不僅系統總結了當時的茶葉生產經驗，收集了歷代的茶葉史料，而且真實記述了陸羽親身調查和實踐的大量第一手材料。儘管《茶經》成書已距今1 200多年，內容受到時代和科學條件的限制，但其主要內容對於現代的茶葉科學，仍有重要的參考借鑑意義。

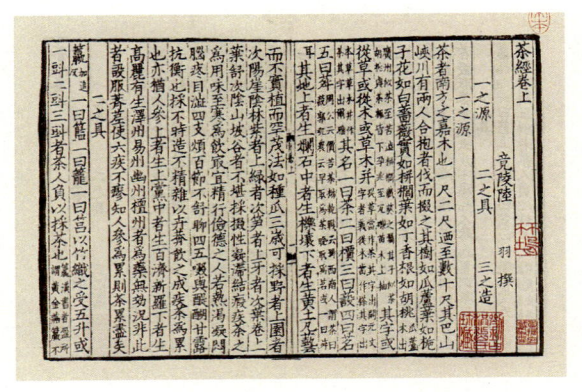

陸羽《茶經》書影，中華再造善本

《茶經》是世界上第一部茶的專著，全面、深入、系統地記載了中國古代發現和利用茶的歷史，闡明中國是世界上茶樹的原產地，為中國茶道奠定了理論基礎。宋代陳師道《茶經序》：「夫茶之著書自羽始，其用於世亦自羽始，羽誠有功於茶者也。」當代學者揚之水在《兩宋茶事》中寫道：「飲茶當然不自陸羽始，但自陸羽和陸羽的《茶經》出，茶便有了標格，或曰品位。《茶經》強調的是茶之清與潔，與之相應的，是從採摘、製作直至飲，一應器具的清與潔。」同時，《茶經》亦是與時俱進之作。在中唐，茶已為中國之飲，而陸羽發現茶的生產、加工和品飲仍存在許多不足之處。如栽培方面的「藝而不實」，採製方面的「採不時，造不精」，煎煮方面的「煮之百沸」，啜飲方面的「夏興冬廢」等等。陸羽總結前人的經驗教訓，結合自己親身實踐，在《茶經》中採取揚長避短的方法，發揚好的傳統，指正缺點和不足，使茶從栽培到煮飲等一系列程序規範化、科學化。

整部《茶經》所倡導的精行儉德思想，充滿中國古代儒釋道諸家的哲學思想和生態智慧，為中國幾千年來茶的可持續發展與推廣，奠定了深厚的思想文化基礎。

第三節

百種茶書　承先啟後

　　歷代文人墨客對茶的推崇歌頌從未停止，資料豐富，典籍浩瀚。現存有百餘種茶書，詳盡地記錄了茶事的種種內容，包括茶的種植、採摘、製作、品飲等，也書寫了人與茶之間的深刻聯結，展示了歷代茶文化的特徵與茶道精神。它們承先啟後，是中國深厚茶文化的載體，展現了中國輝煌茶史的脈絡。

　　唐代，陸羽《茶經》開創茶書之典範，奠基茶的書寫體例；另有張又新《煎茶水記》、毛文錫《茶譜》等典籍。宋代，茶書以記載建州的北苑貢茶為主，有蔡襄《茶錄》、宋子安《東溪試茶錄》、黃儒《品茶要錄》、趙佶《大觀茶論》、熊蕃《宣和北苑貢茶錄》、趙汝礪《北苑別錄》等。至明代，茶書大量湧現，或通論茶業之情，或記地網域名稱茶，或以水、器為專題，或彙編茶葉資料，主要有朱權《茶譜》、顧元慶《茶譜》、田藝蘅《煮泉小品》、陳師《茶考》、張源《茶錄》、許次紓《茶疏》、程用賓《茶錄》、喻政《茶書》、黃龍德《茶說》、萬邦寧《茶史》、周高起《洞山岕茶系》、劉源長《茶史》。清代，主要有陸廷燦《續茶經》、程雨亭《整飭皖茶文牘》等。現擇錄數種重要的茶書，予以介紹。

一、茶錄

《茶錄》，蔡襄撰。蔡襄（1012—1067）字君謨，興化仙遊（今屬福建）人。宋天聖八年（1030）進士。慶曆三年（1043）知諫院，直言疏論時事。後出知福州，改福建路轉運使。皇祐四年（1052）進知制誥，每除授非當旨，必封還之。至和、嘉祐間，歷知開封府、福州、泉州，建萬安橋。入為翰林學士、三司使。英宗朝以母老求知杭州。卒諡忠惠。工書法，詩文清妙。有《茶錄》、《荔枝譜》、《蔡忠惠集》。《茶錄》成書於宋皇祐年間（1049—1054年），治平元年（1064）刻石，是繼陸羽《茶經》之後又一部重要的茶書。全書共兩卷，附前後自序。因「陸羽《茶經》不第建安之品，丁謂《茶圖》獨論採造之本，至於烹試，曾未有聞」，故該書專論烹試之法。《茶錄》，上篇論茶，分色、香、味、藏茶、炙茶、碾茶、羅茶、候湯、熁盞、點茶十目，主要論述茶湯品質與烹飲方法；下篇論器，分茶焙、茶籠、砧椎、茶鈐、茶碾、茶羅、茶盞、茶匙、湯瓶九目，談烹茶所用器具。據此，可見宋時飲茶方法與器具的大致情況。

蔡襄《茶錄》石刻揭本

二、大觀茶論

《大觀茶論》，趙佶撰。趙佶（1082—1135），宋神宗子，哲宗弟。紹聖三年（1096）封端王。元符三年（1100）即位，在位二十六年。工書，稱「瘦金體」，有《千字文卷》傳世。擅畫，有《芙蓉錦雞》等存世。又能詩詞，有《宣和宮詞》等。《大觀茶論》約成書於宋大觀元年（1107）。首為序，次分地產、天時、採擇、蒸壓、製造、鑑辨、白茶、羅碾、盞、筅、瓶、杓、水、點、味、香、色、藏焙、品名、外焙二十目。對於當時蒸青餅茶的產地、採製、點飲、品質等均有詳細論述。其中論及採摘之精、製作之工、品第之勝、烹點之妙頗為精闢，「點茶」一篇尤為精彩，詳述「七湯」點茶程序，是北宋以來製茶技術與茶文化高度繁榮、發展的一個側面。

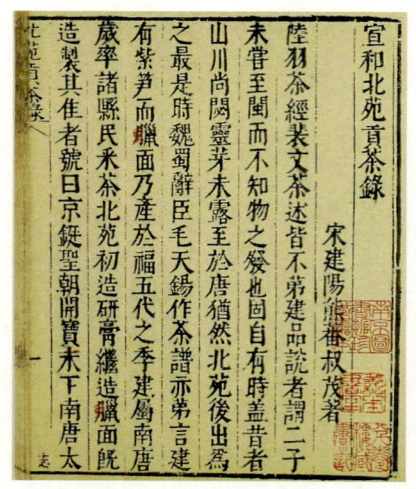

《宣和北苑貢茶錄》書影，喻政《茶書》明萬曆四十一年刻本，南京圖書館藏

三、宣和北苑貢茶錄

《宣和北苑貢茶錄》，熊蕃撰。熊蕃字茂叔，號獨善先生，生卒年不詳，建陽(今屬福建)人。工吟詩，善屬文，以王安石之學為宗。《宣和北苑貢茶錄》記述建茶歷史，主要介紹了建茶採焙入貢法式，各式茶品迭出，如研膏、臘面、京鋌、龍鳳、石乳、的乳、白乳、小龍團、密雲龍、白茶等。至後出之龍園勝雪、御苑玉芽、瑞雲翔龍、太平嘉瑞、大龍、大鳳等茶品，更顯當時貢茶之「精」。書中有圖38幅，可見貢茶之形制，為熊蕃之子熊克在淳熙年間刻刊此書時增入。

四、茶具圖贊

《茶具圖贊》，審安老人撰。審安老人，生平不詳。《茶具圖贊》成書於宋咸淳五年（1269）。該書集繪宋代茶具12件，「錫具姓而繫名，寵以爵，加以號，季宋之彌文」（朱存理後序），每件各有讚語，並假以職官名氏，計有韋鴻臚（茶籠）、木待製（木椎）、金法曹（茶碾）、石轉運（茶磨）、胡員外（茶瓢）、羅樞密（茶羅）、宗從事（茶帚）、漆雕祕閣（盞托）、陶寶文（茶盞）、湯提點（湯瓶）、竺副帥（茶筅）和司職方（茶巾）。此書刻畫茶具方式獨特，其姓氏，以見茶具之材質，如木、金、石、胡（葫）等；讚語則引經據典，如《論語》、《孟子》等，在介紹茶具功能的同時，揭示了茶具所蘊含的深刻的文化內涵。

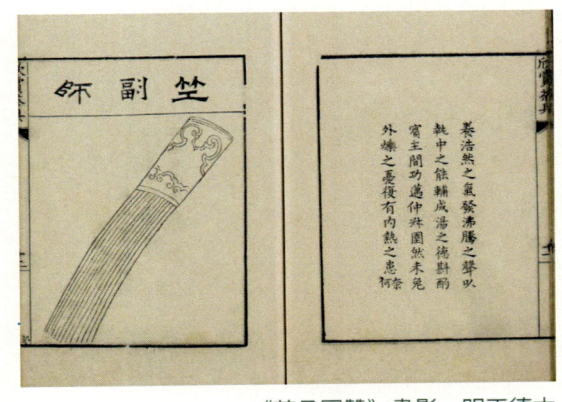

《茶具圖贊》書影，明正德本

五、煮泉小品

《煮泉小品》，田藝蘅撰。田藝蘅字子藝，錢塘（今浙江杭州）人。作詩有才調，博學能文。為人高曠磊落，性放曠不羈，好酒任俠，善為南曲小令。至老愈豪放，斗酒百篇，人疑為謫仙。有《大明同文集》、《留青日札》、《煮泉小品》、《老子指玄》及《田子藝集》。《煮泉小品》成書於明嘉靖三十三年(1554)，匯集歷代論茶與水的詩文，並分類歸納為9種水性。全書分為源泉、石流、清寒、甘香、宜茶、靈水、異泉、江水、井

水、諸談等十節，重點論述嚴格擇水與烹茶的關係。

六、茶疏

《茶疏》，許次紓撰。許次紓（約1549—1604）字然明，號南華，錢塘（今浙江杭州）人。愛好飲茶，有「鴻漸之癖」。《茶疏》成書於明萬曆二十五年(1597)。《茶疏》分36則，論述產茶、今古製法、採摘、炒茶、岕中製法、收藏、置頓、擇水、烹點、飲啜、茶所、飲時等諸多方面。其中，在採製、烹茶、藏茶、鑑茶、飲茶要義等方面，頗有獨到之論。「茶所」、「飲時」、「宜輟」、「良友」等章節內容，講求飲茶空間的意境以及雅緻的要求，體現了明代新的茶文化審美。清人厲鶚《東城雜記》評價《茶疏》:「深得茗柯至理，與陸羽《茶經》相表裡。」

七、岕茶箋

《岕茶箋》，馮可賓撰。馮可賓字正卿，益都（今山東青州）人。明天啟二年（1622）進士，官湖州司理。入清隱居不仕。曾輯編《廣百川學海》。《岕茶

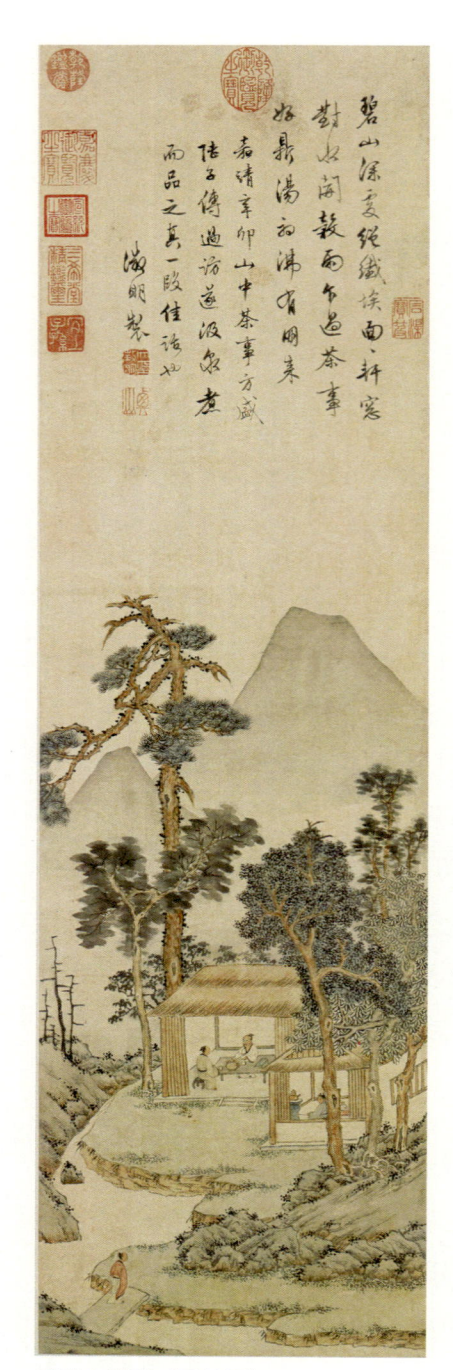

明代文徵明《品茶圖》

箋》成書於明崇禎十五年（1642）前後。分為序岕名、論採茶、論蒸茶、論焙茶、論藏茶、辨真贗、論烹茶、品泉水、論茶具、茶壺、茶宜、禁忌十二則，論述岕茶的產地、採製方法、烹煎之道，十分詳實。介於兩山之間謂之「岕」。岕茶產於浙江長興縣，為歷史名茶。另有《羅岕茶記》、《洞山岕茶系》、《岕茶別論》、《岕茶疏》、《岕茶匯鈔》等茶書。

八、續茶經

《續茶經》，陸廷燦撰。陸廷燦字扶照，又字幔亭，生卒年不詳，江蘇嘉定（今屬上海）人。師於王士禎、宋犖，工於詩。以歲貢生入仕，清康熙五十六年（1717）任崇安知縣。履職崇安期間，以「凡產茶之地、製茶之法業已歷代不同，即烹煮器具亦古今多異，故陸羽所述，其書雖古，而其法多不可行於今」，乃續著《茶經》，輯匯了大量茶文獻。此外，更有《藝菊志》、《南村隨筆》等。《續茶經》成書於清雍正十二年（1734），分上、中、下三卷，附錄一卷，以陸羽《茶經》體例，分一之源、二之具、三之造、四之器、五之煮、六之飲、七之事、八之出、九之略、十之圖。另以歷代茶法作為《附錄》。陸氏所續，雖多為古書資料輯錄，內容豐富，頗切實用，補輯考訂，足資參考。

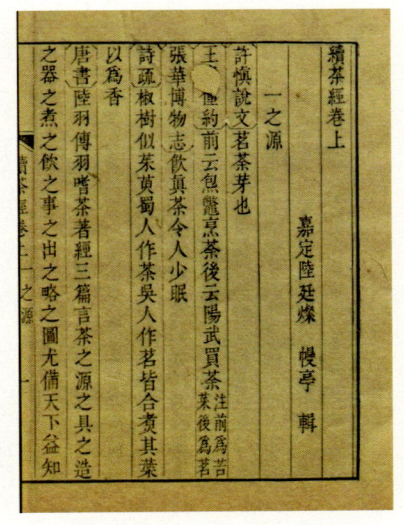

陸廷燦《續茶經》書影，清雍正刻本

第四節

風味德馨　為世所貴

　　歷代茶書多達百餘種，內容豐富，是中國茶史與茶文化的厚重書寫，從中汲取精華，啟示當代茶業特別是茶文化建設與發展，可溫故而知新。

　　歷代茶書記錄了中國發現、利用茶的偉大歷程。「茶者，南方之嘉木也。」中國人最先探索茶的食用、藥用、飲用等價值，在育種栽培、採摘製作等方面，積累了豐富的經驗。以茶葉加工為例，陸羽《茶經》、趙汝礪《北苑別錄》記錄了唐宋的蒸青工藝，明代茶書如《茗笈》、《茶疏》、《茶說》等記載了炒青工藝，再到見於《續茶經》的發酵茶技術，茶葉製作的技術隨著時代的變遷逐步提升，茶品與茶的風味隨之豐富。民國以來，吳覺農、陳椽、王澤農、莊晚芳等老一輩茶學家撰寫新的茶書，為開創茶學研究的新面貌，構建茶學學科體系，研究與傳播傳統茶文化，做出了不可磨滅的貢獻。1949年後，茶樹品種得到科學的選育與栽培，茶葉加工的精準化、機械化持續推進，同時，相關茶類的製作工藝被列為中國國家級或省級非物質文化遺產，乃至列入聯合國教科文組織非物質文化遺產名錄。而今茶葉有了更深入的科學研究，特別是深加工領域，將茶運用於日用品等範圍更廣的領域，茶的利用價值日益彰顯。

　　茶書中處處傳承著深刻的茶人和茶道精神。以《茶經》「精行儉德」

始，中國茶道與儒家思想融合，得以進一步發展與豐富。如茶道精神之「和」，源於茶葉的自然品性，韋應物認為茶「潔性不可汙」，儒家茶人從中得到啟迪，認為飲茶可以「調神和內」，即飲茶能調節精神，和諧內心；唐代裴汶《茶述》指出茶「其性精清，其味浩潔，其用滌煩，其功致和。參百品而不混，越眾飲而獨高」；趙佶《大觀茶論》說茶「擅甌閩之秀氣，鍾山川之靈稟，祛襟滌滯，致清導和，則非庸人孺子可得而知矣；沖淡簡潔，韻高致靜，則非遑遽之時可得而好尚矣」。正因為茶具有中和、恬淡、精清、高雅、自然的特質與屬性，人們得以從中尋求心境的平和、生活的雅趣，以獲得精神的愉悅與解脫。

宋代大文豪蘇軾，四川眉山人，自小在茶文化發源地成長，對茶並不陌生。他種茶、飲茶、惜茶、愛茶，以他的聰明才智與人格精神對茶有著更為深刻的理解，也創作了一系列經典的茶詩詞作品，「戲作小詩君勿笑，從來佳茗似佳人」，「雪沫乳花浮午盞，蓼茸蒿筍試春盤。人間有味是清歡」，都是膾炙人口的句子。他尤愛建茶，認為它有君子之風，喜歡它「森然可愛不可慢，骨清肉膩和且正」，將茶與人的品行與道德做了聯結，茶道亦在其中。這一點，在蘇軾另一茶文學名篇──《葉嘉傳》更有突出的體現。《葉嘉傳》化用陸羽《茶經》「茶者，南方之嘉木也」一句，以擬人化的手法，塑造了一個「清白可愛，風味恬淡」、「有濟世之才」的人物形象。他到了朝廷，即表示若「可以利生，雖粉身碎骨」，也在所不辭。天子讚譽他「真清白之士也。其氣飄然，若浮雲矣」，引用《尚書》「啟乃心，沃朕心」之語，道出葉嘉可令人灑然而醒。葉嘉在權貴面前勃然吐氣，不卑不亢，勇於苦諫，更以「風味德馨」之本色，宣揚茶人應有正直、淡泊名利、剛毅的精神。

蘇軾（1037—1101）

第十章　溫故知新　創造未來

當代茶聖吳覺農，是中國當代著名農學家、茶學家，中國現代茶業科學與經濟奠基人。1919年浙江省甲種農業專科學校畢業後赴日本官費留學，進日本農林水產省茶葉試驗場研究茶葉。1922年回國後，任教於安徽蕪湖農校，次年在上海任中華農學會司庫、總幹事、《新農業季刊》主編。1935年赴印度、錫蘭（今斯里蘭卡）、印度尼西亞、日本、英國、法國、蘇聯等國考察國際茶葉市場情況。全面抗日戰爭開始後，在武漢、重慶任貿易委員會專員兼香港富華貿易公司副總經理，兼辦茶葉對外出口貿易，積極推行戰時茶葉統購統銷，賺取了大量的外匯。1940年，在復旦大學創立中國第一個高等院校茶葉專業系科，兼任系主任、教授，次年又在福建崇安（今武夷山市）設立中國第一所中國茶葉研究所，帶領一批茶葉專家鑽研茶科學。中華人民共和國成立後，任農業部副部長兼中國茶業公司總經理。主要著有《茶經述評》、《中國地方志茶葉歷史資料選輯》、《茶樹原產地考》、《中國茶葉問題》、《中國茶業復興計劃》等。以吳覺農為代表的老一輩茶人秉承陸羽精行儉德、葉嘉清白可愛之風，推動著中國茶業的發展。

吳覺農（1897—1989）

歷代茶書為中國茶文化的建設提供了堅實的史料依據。茶有自然與文化的雙重屬性，它是一張健康名片，茶的健康功效不斷被論證與揭示，成為健康飲料之首。如今，茶是造福全人類的共同物質財富和精神財富，在更高層次上影響人們的品質生活。子曰：「溫故而知新，可以為師矣。」萬物變化都是由簡而繁，並有其發展規律。以科技與文化推動茶產業的高品質發展，全新、深度解讀茶的奧祕，發揮它的經濟價值、健康價值與文化價值，仍需要進行更多的工作。

參考文獻 REFERENCES

（晉）常璩, 1983. 華陽國志[M]. 任乃強, 校注. 上海：上海古籍出版社.

陳椽, 2008. 茶業通史[M]. 2版. 北京：中國農業出版社.

陳香白, 陳再磷, 2004. 工夫茶與潮州朱泥壺[M]. 汕頭：汕頭大學出版社.

陳宗道, 周才瓊, 童華榮. 1999. 茶葉化學工程學[M]. 重慶：西南師範大學出版社.

陳宗懋, 楊亞軍, 2011. 中國茶經[M]. 上海：上海文化出版社.

陳祖槼, 朱自振, 1981. 中國茶葉歷史資料選輯[M]. 北京：中國農業出版社.

董其祥, 1983. 巴史新考[M]. 重慶：重慶出版社.

方健, 2015. 中國茶書全集校正[M]. 鄭州：中州古籍出版社.

馮明珠, 1996. 近代中英西藏交涉與川藏邊情[M]. 臺北：臺北故宮博物院.

郜秋燕, 尹杰, 張金玉, 等, 2021. 茶葉中γ–胺基丁酸的研究進展[J]. 中國茶葉, 43 (1): 10–16.

韓書力, 2003. 西藏非常視窗[M]. 桂林：廣西師範大學出版社.

何長輝, 葉國盛, 2020. 武夷茶文獻選輯：1939—1943[M]. 瀋陽：瀋陽出版社.

〔日〕和田文緒, 2019. 芳香療法教科書[M]. 趙可, 譯. 海口：南海出版社.

侯如燕, 宛小春, 文漢, 2005. 茶皂甙的化學結構及生物活性研究進展：綜述[J]. 安徽農業大學學報, 32 (3): 369–372.

黃錦枝, 黃集斌, 吳越, 2019. 武夷月明：武夷岩茶泰斗姚月明紀念文集[M]. 昆明：雲南人民出版社.

關劍平, 2009. 文化傳播視野下的茶文化傳播[M]. 北京：中國農業出版社.

賈大泉,陳一石,1988.四川茶業史[M].成都:巴蜀書社.

〔英〕簡·佩蒂格魯,〔美〕.布魯斯·理查森,2022.茶的社會史:茶與商貿、文化和社會的融合[M].蔣文倩,沈周高,張群,譯.北京:中國科學技術出版社.

江用文,2011.中國茶產品加工[M].上海:上海科技出版社.

李海琳,成浩,王麗鴛,等,2014.茶葉的藥用成分、藥理作用及開發應用研究進展[J].安徽農業科學,42(31):10833−10835,10838.

李家光,陳書謙,2013.蒙山茶文化說史話典[M].北京:中國文史出版社.

李遠華,葉國盛,2020.茶錄導讀[M].北京:中國輕工業出版社.

廖寶秀,2015.芳茗遠播:亞洲茶文化[M].臺北:臺北故宮博物院.

林語堂,2000.蘇東坡傳[M].張振玉,譯.長沙:湖南少兒出版社.

劉紅,田晶,2008.茶皂甙的化學結構及生物活性最新研究進展[J].食品科技(5):186−190.

劉建福,王文建,黃昆,2018.中國烏龍茶種質資源圖鑑[M].廈門:廈門大學出版社.

劉勤晉,1990.名優茶加工技術[M].北京:高等教育出版社.

劉勤晉,1991.四川邊茶與藏族茶文化發展初考[M]//王家揚.茶的歷史與文化:1990年杭州國際茶文化研究會論文選.杭州:浙江攝影出版社.

劉勤晉,2006.古道新風:茶馬古道文化國際學術研討會論文集[M].重慶:西南師範大學出版社.

劉勤晉,2007.普洱茶的科學[M].臺北:唐人工藝出版社.

劉勤晉,2009.普洱茶鑑賞與沖泡[M].北京:中國輕工業出版社.

劉勤晉,2014.茶文化學[M].3版.北京:中國農業出版社.

劉勤晉,2019.溪谷留香:武夷岩茶香從何而來?[M].2版.北京:中國農業出版社.

劉勤晉,李遠華,葉國盛,2016.茶經導讀[M].北京:中國農業出版社.

劉勤晉,廖澈,1986.茶葉加工技術[M].成都:四川科技出版社.

劉杉,李煒,2020.L−茶胺酸藥理作用的研究進展[J].神經藥理學報,10(2):24−28.

劉月新,葉良金,2016.茶多醣的研究進展[J].茶業通報,40(1):38−43.

(唐)陸羽,2018.茶經譯注[M].修訂本.宋一明,譯注.上海:上海古籍出版社.

〔英〕羅伯特·福鈞,2015.兩訪中國茶鄉[M].敖雪崗,譯.南京:江蘇人民出版社.

〔美〕梅維恆,〔瑞典〕郝也麟,2018.茶的真實歷史[M].高文海,譯.北京:生活·讀書·新知三聯書店.

彭林,2016.禮樂文明與中國文化精神[M].北京:中國人民大學出版社.

錢時霖, 1989. 中國古代茶詩選[M]. 杭州: 浙江古籍出版社.

施萬億鵬, 1997. 茶葉加工學[M]. 北京: 中國農業出版社.

滕軍, 1994. 日本茶道文化概論[M]. 北京: 東方出版社.

宛曉春, 2014. 茶葉生物化學[M]. 3版. 北京: 中國農業出版社.

汪東風, 張陽春, 1994. 粗老茶中的多醣含量及其保健作用[J]. 茶葉科學, 14(1): 73–74.

王憲楷, 1988. 天然藥物化學[M]. 北京: 人民衛生出版社.

〔美〕威廉·烏克斯, 2011. 茶葉全書[M]. 儂佳, 等, 譯. 北京: 東方出版社.

吳覺農, 2005. 茶經述評[M]. 2版. 北京: 中國農業出版社.

向斯, 2012. 心清一碗茶: 皇帝品茶[M]. 北京: 故宮出版社.

肖榮, 裘覽耕, 1994. 四川省對外貿易志[M]. 成都: 四川省茶葉進出口公司.

邢肅芝口述, 楊念群、張健飛筆述, 2003. 雪域求法記[M]. 北京: 生活·讀書·新知三聯書店.

許嘉璐, 2016. 中國茶文獻整合[M]. 北京: 文物出版社.

揚之水, 2015. 兩宋茶事[M]. 北京: 人民美術出版社.

楊月欣, 王光亞, 潘興昌, 2002. 中國食品成分表[M]. 北京: 北京大學醫學出版社.

姚國坤，朱紅纓，姚作為, 2003. 飲茶習俗[M]. 北京: 中國農業出版社.

葉國盛, 2022. 武夷茶文獻輯校[M]. 福州: 福建教育出版社.

葉乃興, 2021. 茶學概論[M]. 2版. 北京: 中國農業出版社.

于乃昌, 1999. 西藏審美文化[M]. 拉薩: 西藏人民出版社.

余悅, 2008. 事茶淳俗[M]. 上海: 上海人民出版社.

章建浩, 2000. 食品包裝大全[M]. 北京: 中國輕工業出版社.

鄭培凱, 朱自振. 2014. 中國歷代茶書彙編校注本[M]. 香港: 商務印書館.

周國富, 2018. 世界茶文化大全[M]. 北京: 中國農業出版社.

〔日〕中林敏郎, 伊奈和夫, 阪田完三, 等, 1991. 綠茶·紅茶·烏龍茶化學機械化[M]. 日本: 弘學出版社.

學茶入門

作　　　者：劉勤晉，周才瓊，葉國盛
發 行 人：黃振庭
出 版 者：崧燁文化事業有限公司
發 行 者：崧燁文化事業有限公司
E - m a i l：sonbookservice@gmail.com
粉 絲 頁：https://www.facebook.com/sonbookss/
網　　　址：https://sonbook.net/
地　　　址：台北市中正區重慶南路一段 61 號 8 樓
8F., No.61, Sec. 1, Chongqing S. Rd., Zhongzheng Dist., Taipei City 100, Taiwan

電　　　話：(02)2370-3310
傳　　　真：(02)2388-1990
印　　　刷：京峯數位服務有限公司
律師顧問：廣華律師事務所 張珮琦律師

─ 版權聲明 ───────────

本書版權為中國農業出版社所有授權崧燁文化事業有限公司獨家發行繁體字版電子書及紙本書。若有其他相關權利及授權需求請與本公司聯繫。

未經書面許可，不可複製、發行。

定　　　價：650 元
發行日期：2025 年 08 月第一版
◎本書以 POD 印製

國家圖書館出版品預行編目資料

學茶入門 / 劉勤晉，周才瓊，葉國盛 著 . -- 第一版 . -- 臺北市：崧燁文化事業有限公司 , 2025.08
面；　公分
POD 版
ISBN 978-626-416-734-5(平裝)
1.CST: 茶葉 2.CST: 製茶 3.CST: 茶藝
434.181　　　　　　114010982

電子書購買

爽讀 APP　　　臉書